微电网技术及实验丛书

光伏发电技术及实验

毕大强　郭瑞光　编著

科学出版社

北　京

内 容 简 介

　　本书是作者近年来从事微电网中光伏发电技术研究的总结,围绕实验、结合理论来介绍光伏发电基本技术。全书共 4 章,主要内容包括光伏发电技术基础实验、单相光伏并网发电技术实验、三相光伏并网发电技术实验及三相光储发电系统实验。

　　本书可为光伏发电技术研究、电力电子控制技术研究提供理论参考与实验波形验证,也可作为高等院校本科生及研究生的教学实验参考书。

图书在版编目(CIP)数据

光伏发电技术及实验/毕大强,郭瑞光编著. —北京:科学出版社,2018.3
(微电网技术及实验丛书)
ISBN 978-7-03-050143-1

Ⅰ.①光… Ⅱ.①毕… ②郭… Ⅲ.①太阳能光伏发电 Ⅳ.①TM615

中国版本图书馆 CIP 数据核字(2016)第 242221 号

责任编辑:裴　育　纪四稳 / 责任校对:张小霞
责任印制:张　伟 / 封面设计:陈　敬

科 学 出 版 社 出版
北京东黄城根北街 16 号
邮政编码:100717
http://www.sciencep.com

北京凌奇印刷有限责任公司 印刷
科学出版社发行　各地新华书店经销
＊
2018 年 3 月第　一　版　开本:720×1000 B5
2019 年 2 月第二次印刷　印张:11 1/4
字数:227 000
定价:85.00 元
(如有印装质量问题,我社负责调换)

前　言

随着经济的增长与人口的增加,人类社会对能源的需求量越来越大。目前,世界上能源消费的增长率约为人口增长率的 3 倍,石油、天然气、煤炭等常规能源已不能满足人类日益增长的需要,世界各国化石能源蕴藏量正在日益减少,能源危机问题已日益显露。在这种情况下,必须重视可再生能源的利用和发展,其中最突出的就是对太阳能的研究和应用。光伏发电是当前开发利用太阳能的主要方式。我国绝大多数地区的太阳能资源丰富,开发利用光伏发电对我国具有重要意义。

大规模光伏发电以并网为主,根据系统组成,光伏并网发电可以分为两类:一类为不含蓄电池的不可调度式光伏并网发电系统;另一类为包含蓄电池组作为储能环节的可调度式光伏并网发电系统。可调度式光伏并网发电系统与不可调度式光伏并网发电系统相比,最大的不同是系统中配有储能环节,在功能上优于不可调度式光伏并网发电系统,对电网的能量分配具有调节作用,兼有不间断电源的功能,而且有益于电网调峰。随着微电网技术的发展与应用,光伏发电与储能结合已成为目前最典型的微电网应用和示范形式。

根据变流器的拓扑结构和控制方式,光伏并网发电系统主要分为单级式、双级式和多级式等。其中,双级式光伏并网发电系统由光伏阵列、DC/DC 升压环节、逆变环节和滤波环节等构成,一般用 DC/DC 升压环节来获得光伏阵列的最大功率点,而逆变环节负责并网发电。这种拓扑结构系统环节较多,主要用于单相小功率光伏发电;相比之下,单级式光伏并网发电系统中只有一个能量变换环节,功率点控制和逆变并网同时由一个环节完成,它将光伏发电系统直接与电网相连,结构简单,提高了整个光伏发电系统的使用寿命,效率较高,稳定性较好,在大功率光伏发电中广泛采用。但是,系统控制中既要考虑跟踪光伏电池最大功率点,也要保证供电质量,导致相应的控制系统变得比较复杂。

本书是作者近年来从事光伏发电技术、微电网技术研究与应用的总结,基于清华大学电力电子与电机控制实验室开发的单相双级式光伏变流器、三相单级式光伏变流器和储能变流器展开分析。全书从教学实验的角度出发分析光伏并网发电的关键技术。全书共 4 章,第 1 章是光伏发电技术基础实验,包括电量测量技术、Park 和 Clarke 变换技术、SPWM 技术、SVPWM 技术、单相锁相环技术和三相锁相环技术。第 2 章是单相光伏并网发电技术实验,包括单相光伏并网发电最大功率点跟踪、阴影遮挡光伏阵列最大功率点跟踪和单相光伏发电孤岛检测等。第 3 章是三相光伏并网发电技术实验,包括三相光伏并网发电最大功率点跟踪、三相光伏并网发电限功率控制策略、三相光伏并网发电孤岛检测和三相光伏并网发电低电压穿越。第 4 章是三相光储发电系统实验,包括三相光储发电系统并网控制策略、三相光储发电系统孤岛控制策略、三相光储发电系统并离网切换控制策略和基于虚拟同步发电机的三相光储发电系统运行控制。

　　本书由毕大强、郭瑞光共同撰写完成,其中毕大强负责第 3、4 章,郭瑞光负责第 1、2 章。本书在撰写过程中得到了清华大学实验室创新基金的资助,以及电力系统及发电设备控制和仿真国家重点实验室、科学出版社的大力支持,在此一并表示感谢。同时,对本书中所列参考文献的作者也表示由衷的感谢。

　　由于作者的水平和研究内容有限,本书难免有疏漏和不妥之处,恳请读者指正,为推动光伏发电技术实践教学的发展共同努力。

目　录

前言

第1章　光伏发电技术基础实验 ……………………………………………………… 1
　　实验1.1　电量测量 ……………………………………………………………… 1
　　实验1.2　Park变换和Clarke变换 ……………………………………………… 9
　　实验1.3　正弦脉宽调制 ………………………………………………………… 18
　　实验1.4　空间矢量脉宽调制 …………………………………………………… 26
　　实验1.5　单相锁相环 …………………………………………………………… 35
　　实验1.6　三相锁相环 …………………………………………………………… 42

第2章　单相光伏并网发电技术实验 ………………………………………………… 47
　　实验2.1　单相光伏并网发电最大功率点跟踪 ………………………………… 47
　　实验2.2　阴影遮挡光伏阵列最大功率点跟踪 ………………………………… 58
　　实验2.3　单相光伏发电孤岛检测 ……………………………………………… 65

第3章　三相光伏并网发电技术实验 ………………………………………………… 71
　　实验3.1　三相光伏并网发电最大功率点跟踪 ………………………………… 71
　　实验3.2　三相光伏并网发电限功率控制策略 ………………………………… 86
　　实验3.3　三相光伏并网发电孤岛检测 ………………………………………… 94
　　实验3.4　三相光伏并网发电低电压穿越 ……………………………………… 103

第4章　三相光储发电系统实验 ……………………………………………………… 114
　　实验4.1　三相光储发电系统并网控制策略 …………………………………… 114
　　实验4.2　三相光储发电系统孤岛控制策略 …………………………………… 124
　　实验4.3　三相光储发电系统并离网切换控制策略 …………………………… 134
　　实验4.4　基于虚拟同步发电机的三相光储发电系统运行控制 ……………… 147

参考文献 ……………………………………………………………………………… 165
附录A　三相光伏/储能并网发电教学实验平台 …………………………………… 167
附录B　单相光伏并网发电教学实验平台 …………………………………………… 170

第1章　光伏发电技术基础实验

本章主要介绍光伏发电的基础性实验，包括电量测量实验、Park 变换和 Clarke 变换实验、SPWM 实验、SVPWM 实验、单相锁相环实验和三相锁相环实验。

实验 1.1　电　量　测　量

【实验目的】

（1）理解电量测量在光伏发电控制中的重要性。

（2）理解电压与电流测量原理。

（3）掌握交直流电压电流测量方法。

【实验原理】

在光伏发电系统中，电量测量是最基本的一部分，也是做进一步控制与保护的基础。三相或者单相光伏并网变流器（逆变器）在实现最大功率点跟踪（maximum power point tracking，MPPT）控制或限功率控制时，都需要对光伏直流侧直流电压和直流电流进行检测，参与 MPPT 和直流电压外环控制；在实现并网控制时，需要实时检测电网侧交流电流，参与电流内环控制；在计算光伏发电量时，还需要检测电网侧交流电压。所以，对电量信号的采集分析是至关重要的。

1. 电量信号测量过程及作用

电量测量基本过程如图 1.1.1 所示。

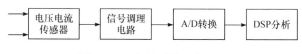

图 1.1.1　电量测量基本过程

1）电压电流传感器

为了实现精确的控制，首先需要对系统中电流电压信号进行精确的采集测量。由于现在电力电子控制需要更加精确的反馈信号，而非线性负载的存在，使传统的电流电压检测元件不能有效地对信号进行采集，测量误差偏大会导致计算与控制不准。经过近几十年的发展，霍尔电流电压传感器模块成为新一代工业电量传感器,具有很高的测量精度。同一只检测元件不仅可以检测交流,还可以检测直流,甚至是瞬态峰值。

2) 信号调理电路

信号调理电路是信号采集过程中必需的环节,通常由低通滤波器电路和过压过流保护电路组成。低通滤波器电路的目的在于滤除线路中高频谐波干扰,提高检测精度。过压过流保护电路的目的在于系统出现过压过流故障时,能够快速关断功率开关器件。

3) A/D 转换

数字控制电路中需要的控制与分析信号为数字信号,传感器采集到的模拟信号经过调理电路后,还需利用 A/D 转换芯片将模拟信号转换成数字信号,最后得到的数字信号交由 DSP 进行分析处理。

4) DSP 分析

A/D 转换得到的数字信号最终进入 DSP 分析控制系统,DSP 将数字信号通过一定的数值分析转换成控制所需的电压电流信号,还可以根据传感器变比与 A/D 采样精度计算出当前电压电流实际值。

2. 霍尔传感器工作原理

1) 霍尔效应原理

如图 1.1.2 所示,金属或半导体薄片置于磁感应强度为 B 的磁场中,磁场方向垂直于薄片,当有电流 I 流过薄片时,在垂直于电流和磁场的方向上将产生电动势 E_H,这种现象称为霍尔效应,该电动势称为霍尔电动势,上述半导体薄片称为霍尔元件。用霍尔元件做成的传感器称为霍尔传感器。

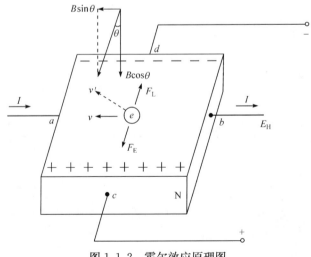

图 1.1.2　霍尔效应原理图

2）霍尔电流传感器

实际的霍尔电流传感器有两种构成形式,即直接测量式和零磁通式。

（1）直接测量式。将图 1.1.3 中霍尔器件的输出（必要时可进行放大）送到经校准的显示器上,即可由霍尔输出电压的数值直接得出被测电流值。这种方式的优点是结构简单,测量结果的精度和线性度都较高,可测直流、交流和各种波形的电流。但它的测量范围、带宽等受到一定的限制。在这种应用中,霍尔器件是磁场检测器,它检测的是磁芯气隙中的磁感应强度。电流增大后,磁芯可能达到饱和;随着频率升高,磁芯中的涡流损耗、磁滞损耗等也会随之升高。这些都会对测量精度产生影响。当然,也可采取一些改进措施来降低这些影响,例如,选择饱和磁感应强度高的磁芯材料,制成多层磁芯,采用多个霍尔元件进行检测等。

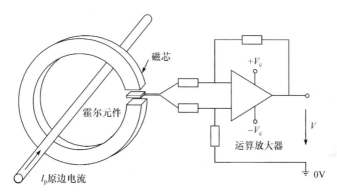

图 1.1.3　直接测量式霍尔电流传感器原理图

（2）零磁通式。如图 1.1.4 所示,将霍尔器件的输出电压放大,再经电流放大后,让这个电流通过补偿线圈,并令补偿线圈产生的磁场和被测电流产生的磁场方向相反,若满足条件 $I_p N_1 = I_s N_2$,则磁芯中的磁通为零,这时式（1.1.1）成立:

$$I_p = I_s \cdot \frac{N_2}{N_1} \tag{1.1.1}$$

式中,I_p 为被测电流,即磁芯中初级绕组中的电流;N_1 为初级绕组的匝数;I_s 为补偿绕组中的电流;N_2 为补偿绕组的匝数。由式（1.1.1）可知,达到磁平衡时,即可由 I_s 及匝数比 N_2/N_1 得到 I_p。被测电流的任何变化都会破坏这一平衡。一旦磁场失去平衡,零磁通式霍尔电流传感器就有信号输出。经功率放大后,立即就有相应的电流流过次级绕组以对失衡的磁场进行补偿。从磁场失衡到再次平衡,所需的时间理论上不到 $1\mu s$,这是一个动态平衡的过程。因此,从宏观上看,次级的补偿电流安匝数在任何时候都与初级被测电流的安匝数相等。

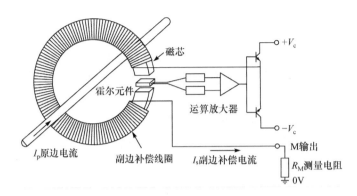

图 1.1.4　零磁通式霍尔电流传感器原理图

3) 霍尔电压传感器

霍尔电压传感器(图 1.1.5)利用霍尔效应,将原边电压 V_p 通过外置或内置电阻 R_i,将电流限制在 10mA。此电流经过多匝绕组之后,经过聚磁材料将原边电流产生的磁场被气隙中的霍尔元件检测到,并感应出相应电动势。该电动势经过电路调整后反馈给补偿线圈进而补偿,该补偿线圈中电流 I_s 产生的磁通与原边电流(被测电压通过限流电阻产生)产生的磁通大小相等,方向相反,从而在磁芯中保持磁通为零。实际上霍尔电压传感器利用的是和磁平衡闭环霍尔电流传感器即零磁通式霍尔电流传感器一样的技术。

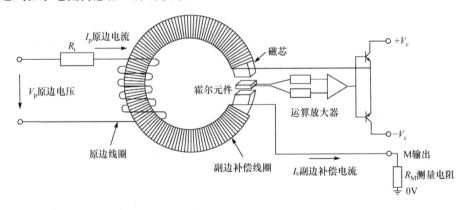

图 1.1.5　霍尔电压传感器原理图

3. 低通滤波器工作原理

光伏发电系统中所需的控制信号都是低频信号,需要检测 50Hz 的交流电压和交流电流信号、直流电压和直流电流信号,所以信号调理电路中选用低通滤波器消除高频谐波干扰。模拟电路信号处理常用的低通滤波器有一阶无源低通滤波器和二阶有源低通滤波器。

1) 一阶无源低通滤波器

电子模拟电路的一阶无源低通滤波器主要由电阻 R 和电容 C 组成。图 1.1.6 为一阶无源低通滤波器电路及其幅频、相频特性。

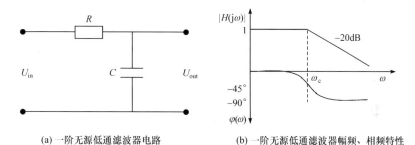

(a) 一阶无源低通滤波器电路   (b) 一阶无源低通滤波器幅频、相频特性

图 1.1.6 一阶无源低通滤波

传递函数为

$$H(s) = \frac{U_{\text{out}}}{U_{\text{in}}} = \frac{1}{RCs+1} \qquad (1.1.2)$$

令 $s = j\omega, \omega_c = \dfrac{1}{RC}$，则

$$H(j\omega) = \frac{U_{\text{out}}}{U_{\text{in}}} = \frac{1}{j\omega RC + 1} = \frac{1}{j\dfrac{\omega}{\omega_c} + 1} \qquad (1.1.3)$$

所以可以通过电阻 R 和电容 C 计算出截止频率 ω_c。

2) 二阶有源低通滤波器

图 1.1.7 为二阶有源低通滤波器电路及其幅频、相频特性。

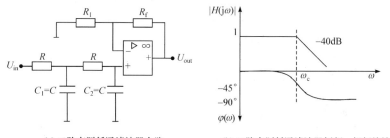

(a) 二阶有源低通滤波器电路   (b) 二阶有源低通滤波器幅频、相频特性

图 1.1.7 二阶有源低通滤波

传递函数为

$$H(s) = \frac{U_{\text{out}}}{U_{\text{in}}} = \frac{A_{\text{VF}}}{1 + s(3 - A_{\text{VF}})RC + (sRC)^2} \qquad (1.1.4)$$

式中,$A_{\text{VF}} = 1 + \dfrac{R_{\text{f}}}{R_1}$。

令

$$A_0 = A_{\text{VF}}(通带增益)$$

$$Q = \frac{1}{3 - A_{\text{VF}}}(等效品质因数)$$

$$\omega_{\text{c}} = \frac{1}{RC}(特征角频率)$$

则

$$H(s) = \frac{A_0 \omega_{\text{c}}^2}{s^2 + \dfrac{\omega_{\text{c}}}{Q}s + \omega_{\text{c}}^2} \qquad (1.1.5)$$

只有当 $3 - A_{\text{VF}} > 0$,即 $A_{\text{VF}} < 3$ 时,滤波器才稳定。

二阶有源低通滤波器对高频信号的衰减度高于一阶无源低通滤波器,所以其滤除谐波干扰的能力比一阶无源低通滤波器强。

4. A/D 转换工作原理

在控制领域中,A/D 转换器是不可缺少的重要组成部分。A/D 转换器通过一定的电路将模拟信号转变为数字信号。模拟信号可以是电压、电流等电气量,也可以是压力、温度、湿度、位移、声音等非电气量。但在 A/D 转换前,输入 A/D 转换器的信号必须经各种传感器把各种物理量转换成电压信号。A/D 转换后,输出的数字信号可以有 8 位、10 位、12 位和 16 位等,位数越大,精度越高。

A/D 转换芯片的作用是将一个范围的小电压信号转换成数字信号。以 AD7606 芯片为例,其可以将 $-10 \sim 10\text{V}$ 的电压信号转换成以 16 位二进制数字形式输出的数字信号,如图 1.1.8 所示。

【实验内容与步骤】

1. 实验内容

电量测量实验通过采集交流电压、交流电流、直流电压和直流电流信号,验证光伏变流器中各种电压、电流测量方法的准确性。

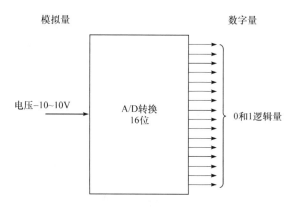

图 1.1.8　AD7606 芯片工作原理

2. 实验准备

所需主要硬件：计算机、仿真器、控制板、驱动板、电压源、电阻负载、示波器等。

所需软件：CCS 3.3。

在单相或三相光伏变流器中找到与测量电量相关的器件与电路，如霍尔电压传感器、霍尔电流传感器、电流电压调理电路、A/D 转换芯片和 DSP2812 控制芯片，如图 1.1.9 所示。

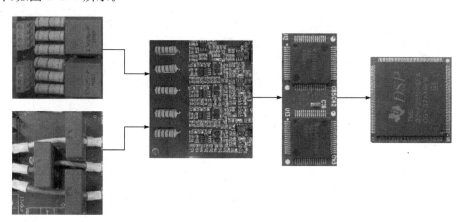

图 1.1.9　电量测量过程实物

3. 实验步骤

（1）电压源接到电压传感器上，电压源穿过电流传感器后接到电阻负载。

（2）检查控制板和驱动板线路连接。

（3）控制 D/A 输出端接示波器。

（4）为控制板和驱动板上电。

（5）打开 CCS 3.3,并利用仿真器连接 DSP 控制板。

（6）打开电量测量程序,编译连接生成 .out 文件。

（7）将生成的 .out 文件下载到 DSP 中,并且运行电量测量程序。

（8）在 CCS 3.3 中实时观测采集数据。

（9）利用示波器观察 D/A 输出端的信号。

（10）记录波形。

4. 实验结果

实际单相电压信号通过 A/D 采样后生成数字量,然后通过 D/A 输出采集的信号波形,如图 1.1.10 所示。其中,通道 CH1 是实际电压信号,CH2 是采样信号。

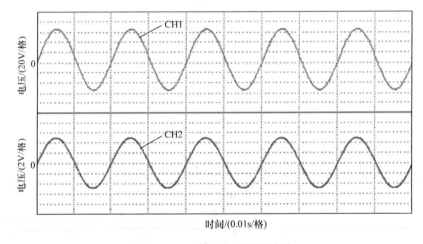

图 1.1.10　单相电压测量波形

【思考问题】

（1）如果选用的穿心式霍尔电流传感器额定电流有效值是 25A,但实际测量的电流有效值为 5A,如何接线及数据处理使测量结果更加准确?

（2）如果霍尔电压传感器的原边电流额定有效值为 10mA,被测电压为 300V,如何选取原边串联电阻的阻值,才能使传感器获得最佳精度?

实验 1.2　Park 变换和 Clarke 变换

【实验目的】

（1）了解 Park 变换和 Clarke 变换的重要性。

（2）掌握 Park 变换和 Clarke 变换的基本原理。

（3）掌握 Park 变换和 Clarke 变换在 DSP2812 中的实现方法。

【实验原理】

三相光伏变流器中多采用空间矢量技术，其核心思想来源于交流异步电机的控制。因为交流异步电机的电压、电流、磁通等物理量之间有较强的耦合性，而且是多变量、非线性系统，直接建立准确的数学模型比较困难，所以采用矢量控制思想进行坐标变换、解耦控制。

1. 三相交流电机坐标变换和矢量变换

1）静止 ABC 坐标系到静止 DQ 坐标系的坐标变换

在异步交流电动机中，为满足功率不变约束，设定 DQ 坐标系中定子 DQ 绕组以及转子 dq 绕组的有效匝数均为 ABC 坐标系每相绕组有效匝数的 $\sqrt{3/2}$ 倍，如图 1.2.1所示。

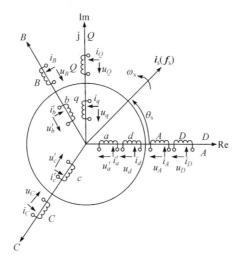

图 1.2.1　静止 ABC 坐标系与静止 DQ 坐标系

磁动势等效是坐标变换的基础和原则,因为只有这样,坐标变换后才不会改变电机内的气隙磁场,不会影响机电能量转换和电磁转矩生成。

ABC 坐标系定子三相电流 i_A、i_B 和 i_C 产生的磁动势与两相定子电流 i_D 和 i_Q 产生的磁动势,若能满足式(1.2.1)和式(1.2.2)的关系,则两个坐标系产生的是同一个定子磁动势矢量 f_s,即有

$$\sqrt{\frac{3}{2}}N_s i_D = N_s i_A \cos 0° + N_s i_B \cos 120° + N_s i_C \cos 240° \tag{1.2.1}$$

$$\sqrt{\frac{3}{2}}N_s i_Q = 0 + N_s i_B \sin 120° + N_s i_C \sin 240° \tag{1.2.2}$$

于是,可得

$$\begin{bmatrix} i_D \\ i_Q \end{bmatrix} = \sqrt{\frac{2}{3}} \begin{bmatrix} 1 & -\dfrac{1}{2} & -\dfrac{1}{2} \\ 0 & \dfrac{\sqrt{3}}{2} & -\dfrac{\sqrt{3}}{2} \end{bmatrix} \begin{bmatrix} i_A \\ i_B \\ i_C \end{bmatrix} \tag{1.2.3}$$

或者

$$\begin{bmatrix} i_A \\ i_B \\ i_C \end{bmatrix} = \sqrt{\frac{2}{3}} \begin{bmatrix} 1 & 0 \\ -\dfrac{1}{2} & \dfrac{\sqrt{3}}{2} \\ -\dfrac{1}{2} & -\dfrac{\sqrt{3}}{2} \end{bmatrix} \begin{bmatrix} i_D \\ i_Q \end{bmatrix} \tag{1.2.4}$$

这种变换同样适用于其他矢量。

基于磁动势等效原则,由 $\boldsymbol{i}_s = i_D + \mathrm{j}i_Q$ 和 $\boldsymbol{i}_s = \sqrt{\dfrac{2}{3}}(i_A + \boldsymbol{a}\,i_B + \boldsymbol{a}^2 i_C)$,可直接得到

$$i_D + \mathrm{j}i_Q = \sqrt{\frac{2}{3}}(i_A + \boldsymbol{a}\,i_B + \boldsymbol{a}^2 i_C) \tag{1.2.5}$$

利用关系式 $\mathrm{e}^{\mathrm{j}\theta} = \cos\theta + \mathrm{j}\sin\theta$,并令式(1.2.5)左右两边虚、实部相等,同样可得如式(1.2.3)和式(1.2.4)所示的坐标变换。

在正弦稳态下,设定子三相电流为

$$i_A = \sqrt{2}I_s \cos(\omega_s t + \varphi_1) \tag{1.2.6}$$

$$i_B = \sqrt{2}I_s \cos(\omega_s t + \varphi_1 - 120°) \tag{1.2.7}$$

$$i_C = \sqrt{2}I_s \cos(\omega_s t + \varphi_1 - 240°) \tag{1.2.8}$$

式中,φ_1 为定子 A 相电流初始相位角。

将式(1.2.6)~式(1.2.8)代入式(1.2.3),可得

$$\begin{bmatrix} i_D \\ i_Q \end{bmatrix} = \begin{bmatrix} \sqrt{3} I_s \cos(\omega_s t + \varphi_1) \\ \sqrt{3} I_s \sin(\omega_s t + \varphi_1) \end{bmatrix} \tag{1.2.9}$$

式(1.2.9)表明,ABC 坐标系到 DQ 坐标系的变换,仅是一种相数的变换,只是将对称的三相正弦电流变换为对称的两相正弦电流。就产生圆形旋转磁动势而言,两者没有本质的区别,都是在静止的对称绕组内通以对称的交流电流,在满足式(1.2.3)的变换要求后,两者产生了同一个磁动势矢量。

2) 静止 DQ 坐标系到任意同步旋转 MT 坐标系的变换

在图 1.2.2 中,设定 MT 坐标系中定、转子每线圈的有效匝数与 DQ 坐标系中定、转子每线圈的有效匝数相同,且 MT 坐标系与定子电流矢量 $\boldsymbol{i}_s$ 同步旋转,旋转速度同为 ω_s。

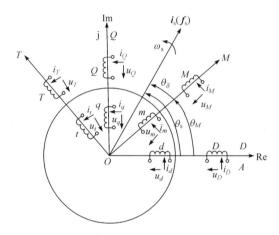

图 1.2.2　静止 DQ 坐标系与任意同步旋转 MT 坐标系

在 MT 坐标系中,可将 $\boldsymbol{i}_s$ 表示为 $\boldsymbol{i}_s^M = |\boldsymbol{i}_s| e^{j\theta_\delta}$；在 DQ 坐标系中,可将 $\boldsymbol{i}_s$ 表示为 $\boldsymbol{i}_s^D = |\boldsymbol{i}_s| e^{j\theta_s}$。于是,有

$$\boldsymbol{i}_s^M = \boldsymbol{i}_s^D e^{-j\theta_M} \tag{1.2.10}$$

$$\boldsymbol{i}_s^D = \boldsymbol{i}_s^M e^{j\theta_M} \tag{1.2.11}$$

式(1.2.10)和式(1.2.11)表示 DQ 坐标系与 MT 坐标系间的矢量变换。其中,$e^{-j\theta_M}$ 为 DQ 坐标系到 MT 坐标系的变换因子；$e^{j\theta_M}$ 为 MT 坐标系到 DQ 坐标系的变换因子。$e^{-j\theta_M}$ 和 $e^{j\theta_M}$ 可同样用于其他矢量的变换。

依据磁动势等效原则,由图 1.2.2 可得

$$i_M = i_D \cos\theta_M + i_Q \sin\theta_M \tag{1.2.12}$$

$$i_T = -i_D \sin\theta_M + i_Q \cos\theta_M \tag{1.2.13}$$

或者

$$\begin{bmatrix} i_M \\ i_T \end{bmatrix} = \begin{bmatrix} \cos\theta_M & \sin\theta_M \\ -\sin\theta_M & \cos\theta_M \end{bmatrix} \begin{bmatrix} i_D \\ i_Q \end{bmatrix} \tag{1.2.14}$$

同理,可得

$$\begin{bmatrix} i_D \\ i_Q \end{bmatrix} = \begin{bmatrix} \cos\theta_M & -\sin\theta_M \\ \sin\theta_M & \cos\theta_M \end{bmatrix} \begin{bmatrix} i_M \\ i_T \end{bmatrix} \tag{1.2.15}$$

事实上,将 $\boldsymbol{i}_s^M$ 和 $\boldsymbol{i}_s^D$ 分别表示为 $\boldsymbol{i}_s^M = i_M + \mathrm{j} i_T$ 和 $\boldsymbol{i}_s^D = i_D + \mathrm{j} i_Q$,由式(1.2.10)和式(1.2.11)便可直接得到式(1.2.12)和式(1.2.13)。

这表明,矢量变换与坐标变换实质是一样的,前者由变换因子反映两个复平面极坐标间的关系,后者由坐标变换矩阵反映两个复平面内坐标分量间的关系。

在正弦稳态下,MT 坐标系恒速旋转,θ_M 可表示为 $\theta_M = \omega_s t + \theta_0$,$\theta_0$ 为 MT 坐标系相对 DQ 坐标系的初始相位角,由于 θ_0 可取任意值,所以图 1.2.2 中的 MT 坐标系为任意选择的同步旋转坐标系。现将式(1.2.9)所示的定子电流 i_D 和 i_Q 变换到 MT 坐标系中,可得

$$\begin{bmatrix} i_M \\ i_T \end{bmatrix} = \begin{bmatrix} \sqrt{3} I_s \cos(\varphi_1 - \theta_0) \\ \sqrt{3} I_s \sin(\varphi_1 - \theta_0) \end{bmatrix}$$

此公式表明,i_M 和 i_T 已变为直流量,即通过 DQ 坐标系到任意同步旋转 MT 坐标系的变换,已将定子两相绕组中的对称正弦电流变换为 MT 坐标系定子两相绕组中的恒定直流。

在正弦稳态下,图 1.2.2 中的 $\boldsymbol{i}_s(\boldsymbol{f}_s)$ 为幅值恒定的单轴矢量,$|\boldsymbol{i}_s| = \sqrt{3} I_s$,因此 $\boldsymbol{i}_s(\boldsymbol{f}_s)$ 可以看成向单轴线圈通以直流电流 $\sqrt{3} I_s$ 后产生的。现由同步旋转的 MT 坐标系来产生这个矢量,自然双轴线圈 MT 中的电流 i_M 和 i_T 也应为直流。或者说,i_M 和 i_T 是 $\boldsymbol{i}_s$ 分解在 MT 坐标系上的两个分量,所以 i_M 和 i_T 也应为直流量。

由静止 ABC 坐标系到静止 DQ 坐标系的变换仅是一种由三相到两相的"相数变换",而静止 DQ 坐标系到同步旋转 MT 坐标系的变换是一种"频率变换"。

在直流电机中,通过电刷和换向器的作用,将电枢线圈中的交变电流变为直流,或者将外电路的直流变为电枢线圈中的交流。式(1.2.14)或式(1.2.15)进行的变换起到了电刷和换向器的作用,所以又将这种变换称为换向器变换。

在图 1.2.2 中,经过这种变换,已相当于将定子 DQ 绕组以及转子 dq 绕组同时变换为换向器绕组,正是依靠这种换向器变换最终将三相感应电动机变换为等效的直流电动机,才使三相感应电动机的转矩控制水平产生了质的飞跃,才可与直流电动机相媲美。

3) 静止 ABC 坐标系到任意同步旋转 MT 坐标系的变换

利用矢量变换也可将图 1.2.3 中的 $\boldsymbol{i}_s(\boldsymbol{f}_s)$ 由 ABC 坐标系直接变换到 MT 坐标系(记为 $\boldsymbol{i}_s^M$),即有

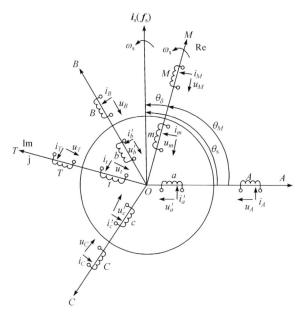

图 1.2.3 静止 ABC 坐标系与任意同步旋转 MT 坐标系

$$\boldsymbol{i}_s^M = \boldsymbol{i}_s e^{-j\theta_M} \tag{1.2.16}$$

或者

$$\boldsymbol{i}_s = \boldsymbol{i}_s^M e^{j\theta_M} \tag{1.2.17}$$

若将 $\boldsymbol{i}_s^M = i_M + j i_T$ 和 $\boldsymbol{i}_s = \sqrt{\dfrac{2}{3}}(i_A + \boldsymbol{a} i_B + \boldsymbol{a}^2 i_C)$ 分别代入式(1.2.16),则有

$$i_M + j i_T = \sqrt{\frac{2}{3}}\left[i_A e^{-j\theta_M} + i_B e^{j(120° - \theta_M)} + i_C e^{j(240° - \theta_M)} \right] \tag{1.2.18}$$

利用关系式 $e^{j\theta} = \cos\theta + j\sin\theta$,并令式(1.2.18)左右两边虚、实部相等,可得

$$\begin{bmatrix} i_M \\ i_T \end{bmatrix} = \sqrt{\frac{2}{3}} \begin{bmatrix} \cos\theta_M & \cos(\theta_M - 120°) & \cos(\theta_M - 240°) \\ -\sin\theta_M & -\sin(\theta_M - 120°) & -\sin(\theta_M - 240°) \end{bmatrix} \begin{bmatrix} i_A \\ i_B \\ i_C \end{bmatrix} \tag{1.2.19}$$

或者

$$\begin{bmatrix} i_A \\ i_B \\ i_C \end{bmatrix} = \sqrt{\frac{2}{3}} \begin{bmatrix} \cos\theta_M & -\sin\theta_M \\ \cos(\theta_M - 120°) & -\sin(\theta_M - 120°) \\ \cos(\theta_M - 240°) & -\sin(\theta_M - 240°) \end{bmatrix} \begin{bmatrix} i_M \\ i_T \end{bmatrix} \tag{1.2.20}$$

上述变换同样适用于其他物理量。

可理解为先将 i_s 由 ABC 坐标系变换到 DQ 坐标系,再由 DQ 坐标系变换到 MT 坐标系。实际上,由式(1.2.3)和式(1.2.14)就可以得到式(1.2.19)。

2. 三相变流器中的坐标变换和矢量变换

矢量变换控制的基本思想:通过数学上的坐标变换方法,把三相交流电压、电流变换为两相静止的电压、电流信号。可以使数学模型的维数降低,参变量之间的耦合因子减少,使系统数学模型简化。这就要引进 Clarke 变换和 Park 变换。

为了区别应用场景,在三相交流电机坐标中的静止 DQ 轴相当于三相变流器坐标中的 $\alpha\beta$ 轴,在三相交流电机坐标中的旋转 MT 轴相当于三相变流器坐标中的旋转 dq 轴。

1) Clarke 变换

以电流信号为例,进行 Clarke 变换。Clarke 变换是将三相对称相隔 120° 的交流电流信号经过变换变成两相间隔 90° 的交流电流信号(3s/2s 变换)。三相静止坐标系 ABC 到两相静止坐标系 $\alpha\beta$ 的变换公式为

$$\begin{bmatrix} i_\alpha \\ i_\beta \end{bmatrix} = \sqrt{\frac{2}{3}} \begin{bmatrix} 1 & -\dfrac{1}{2} & -\dfrac{1}{2} \\ 0 & \dfrac{\sqrt{3}}{2} & -\dfrac{\sqrt{3}}{2} \end{bmatrix} \begin{bmatrix} i_A \\ i_B \\ i_C \end{bmatrix} \tag{1.2.21}$$

已知无零线 Y 形接线时,$i_A + i_B + i_C = 0$,则有 $i_C = -i_A - i_B$,代入式(1.2.21)进而可简化为

$$\begin{bmatrix} i_\alpha \\ i_\beta \end{bmatrix} = \begin{bmatrix} \sqrt{\dfrac{3}{2}} & 0 \\ \dfrac{1}{2} & \sqrt{2} \end{bmatrix} \begin{bmatrix} i_A \\ i_B \end{bmatrix}$$

$$\begin{bmatrix} i_A \\ i_B \end{bmatrix} = \begin{bmatrix} \sqrt{\dfrac{2}{3}} & 0 \\ -\dfrac{1}{\sqrt{6}} & \dfrac{1}{\sqrt{2}} \end{bmatrix} \begin{bmatrix} i_\alpha \\ i_\beta \end{bmatrix} \tag{1.2.22}$$

图 1.2.4 为变换之后的效果,可以看到 i_A、i_B 和 i_C 为三相对称间隔 120° 的交流电流,而 i_α 和 i_β 是两相间隔 90° 的交流电流。

2) Park 变换

假如有两个相互垂直的绕组,在两绕组中分别通以直流电流,并且将此固定磁场以同样的角速度旋转,则两相旋转绕组产生的合成磁场也是一个旋转磁场。再

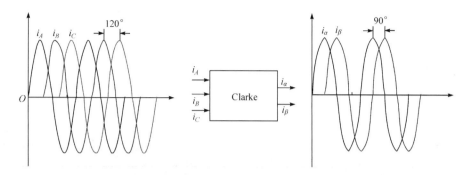

图 1.2.4　Clarke 变换

进一步使两绕组轴线与三相绕组(或与两相静止绕组的轴线同方向)的旋转磁场方向相同。由此即可用两个直流分量来替代三相交流电,进一步简化参变量间的关系。

设两相静止坐标系与两相旋转坐标系间的夹角(随时间变化)为

$$\theta = \omega_1 t + \varphi_0$$

如图 1.2.5 所示,由两相静止坐标系与两相旋转坐标系的等效磁动势表达式可以得到变换关系:

$$\begin{bmatrix} i_d \\ i_q \end{bmatrix} = \begin{bmatrix} \sin\theta & -\cos\theta \\ -\cos\theta & -\sin\theta \end{bmatrix} \begin{bmatrix} i_\alpha \\ i_\beta \end{bmatrix} \tag{1.2.23}$$

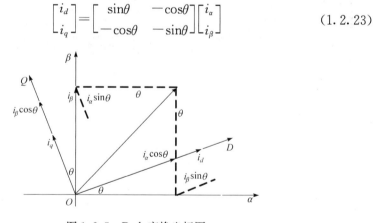

图 1.2.5　Park 变换坐标图

【实验内容与步骤】

1. 实验内容

观察 Clarke 变换和 Park 变换现象,验证坐标变换算法。

2. 实验准备

所需主要硬件:计算机、仿真器、控制板(图 1.2.6)、驱动板、交流电压源、示波器等。

所需软件:CCS 3.3。

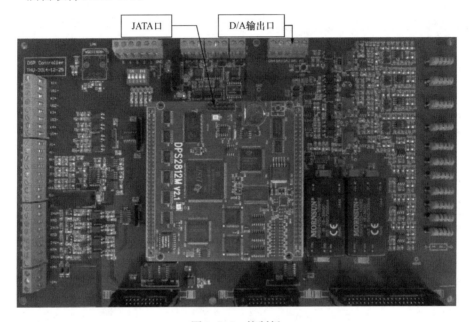

图 1.2.6　控制板

3. 实验步骤

(1) 检查控制板、驱动板线路连接。

(2) 控制板 D/A 输出端接示波器。

(3) 三相交流电压源接霍尔电压传感器。

(4) 为控制板上电。

(5) 打开三相交流电压源(0~380V)。

(6) 打开 CCS 3.3,并利用仿真器连接 DSP 控制板。

(7) 打开 Park、Clarke 程序,编译连接生成 .out 文件。

(8) 将生成的 .out 文件下载到 DSP 中,并且运行电量测量程序。

(9) 在 CCS 3.3 中实时观测采集数据。

(10) 利用示波器观察 D/A 输出端的变换信号。

(11) 记录波形。

4. 实验波形

实验结果表明,坐标变换算法能够将静止坐标系下的三相间隔 120°的旋转交流电压通过 Clarke 变换转换成静止坐标系下的两相间隔 90°的旋转交流电压,最后通过 Park 变换转换成旋转坐标系下的两相直流电压,如图 1.2.7 所示。其中,通道 CH1 和 CH2 分别是 Clarke 变换后的 α 轴和 β 轴交流电压;通道 CH3 和 CH4 分别是 Park 变换后的 d 轴和 q 轴直流电压。

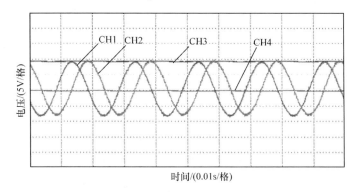

图 1.2.7　Park 变换和 Clarke 变换后波形

【思考问题】

(1) 如何实现 Park 反变换?

(2) 在哪些场合需要使用 Park 变换和 Clarke 变换?

实验 1.3　正弦脉宽调制

【实验目的】

（1）了解正弦脉宽调制（SPWM）技术在单相光伏并网变流器中的重要性。

（2）理解 SPWM 技术原理。

（3）掌握 SPWM 在 DSP 中的实现方法。

【实验原理】

PWM 控制技术是利用半导体开关器件的导通与关断把直流电压变成电压脉冲阵列，并通过控制电压脉宽和周期以达到变压目的，或者控制电压脉宽和脉冲阵列的周期以达到变压变频目的的一种控制技术。PWM 控制技术又有许多种，并且还在不断发展中，但从控制思想上可分为四类，即等脉宽 PWM 法、正弦波 PWM 法（SPWM 法）、磁链追踪型 PWM 法和电流跟踪型 PWM 法，其中 SPWM 技术是单相并网变流的主要调制方式，如图 1.3.1 所示。

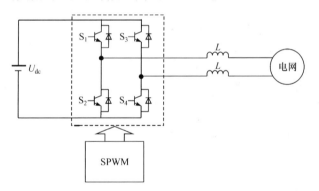

图 1.3.1　SPWM 技术在单相逆变中的应用

在单相并网系统中，SPWM 以其控制算法简单、易于实现、输出谐波易于控制等优点而得到广泛应用。SPWM 主要包括单极性调制和双极性调制，调制原理如图 1.3.2 和图 1.3.3 所示。单极性调制方式：控制全桥的两个开关管工作在高频状态，而另外两个开关管工作在工频状态。因此，相对于双极性调制，单极性调制开关损耗更低，产生的电磁干扰更小，但由此带来的缺点是：控制方式较双极性调制复杂、输出谐波含量较大、过零畸变、稳定性较差等。

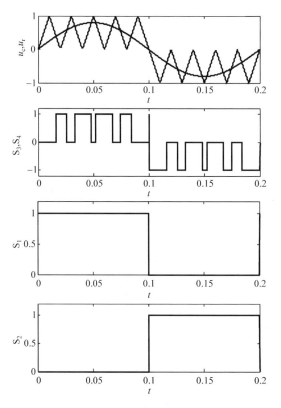

图 1.3.2 单极性调制

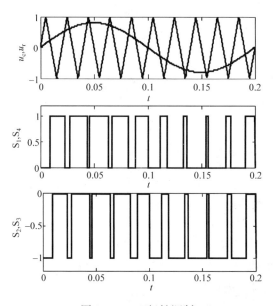

图 1.3.3 双极性调制

1. SPWM 波形

如图 1.3.4 所示,SPWM 波形就是与正弦波形等效的一系列等幅不等宽的矩形脉冲波形,等效的原则是每一区间的面积相等。如图把一个正弦波分为几等份(图 1.3.4(a)中,$n=11$),然后把每一等份的正弦曲线与横轴包围的面积都用一个与此面积相等的矩形脉冲来代替,矩形脉冲的幅值不变,各脉冲的中点与正弦波每一等份的中点重合(图 1.3.4(b)),这样由几个等幅不等宽的矩形脉冲组成的波形就与正弦波等效,称为 SPWM 波形。同样,正弦波的负半周也用同样的方法与一系列负脉冲波等效。

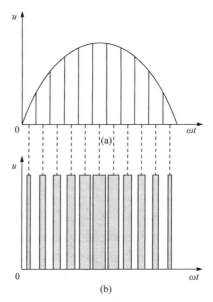

图 1.3.4　与正弦波等效的等幅不等宽矩形脉冲序列波

2. SPWM 控制技术

在单相逆变中(图 1.3.1),实现 SPWM 有双极性调制和单极性调制两种方式。

单极性调制如图 1.3.2 所示,载波 u_c 在调制波 u_r 的正半周为正极性三角波,在 u_r 的负半周为负极性三角波,在 u_c 与 u_r 的交点控制开关管的通断。u_r 的正半波,S_1 保持通态,S_3 保持断态,当 $u_r > u_c$ 时,S_4 开通,输出正电压,当 $u_r < u_c$ 时,S_4 断开,输出零电压。u_r 的负半波,S_3 保持通态,S_4 保持断态,当 $u_r > u_c$ 时,S_3 开通,输出负电压,当 $u_r < u_c$ 时,S_3 断开,输出零电压。在 u_r 的半个周期内,输出电压只在单个极性范围变化,所以称为单极性调制。

　　双极性调制如图 1.3.3 所示,载波在 u_r 的整个周期内有正有负。当 $u_r > u_c$ 时,S_1 和 S_4 开通,S_2 和 S_3 断开,输出正电压;当 $u_r < u_c$ 时,S_2 和 S_3 开通,S_1 和 S_4 断开,输出负电压。在调制波的半个周期内,输出电压在两个极性范围变化,所以为双极性调制。

　　3. 脉宽调制的制约条件

　　根据脉宽调制的特点,变流器主电路的功率开关器件在其输出电压半周内要开关 n 次。如果把期望的正弦波分段越多,则 n 越大,脉冲波序列的脉宽越小,上述分析结论的准确性越高,SPWM 波的基波就越接近期望的正弦波。但是,功率开关器件本身的开关能力是有限的,因此在应用脉宽调制技术时必然要受到一定条件的制约,这主要表现在以下两个方面。

　　(1) 功率开关器件的开关频率。各种电力电子器件的开关频率受其固有的开关时间和开关损耗的限制,全控型器件常用的开关频率如下:双极型电力晶体管开关频率可达 $1 \sim 5\text{kHz}$,可关断晶闸管开关频率为 $1 \sim 2\text{kHz}$,功率场效应管开关频率可达 50kHz,而目前最常用的绝缘栅双极晶体管(IGBT)开关频率为 $5 \sim 20\text{kHz}$。

　　定义载波频率 f_c 与参考调制波频率 f_r 之比为载波比 N,即

$$N = \frac{f_c}{f_r} \tag{1.3.1}$$

　　相对于前述 SPWM 波形半个周期内的脉冲数 n,应有 $N = 2n$。为了使变流器的输出尽量接近正弦波,应尽可能增大载波比,但若从功率开关器件本身的允许开关频率来看,载波比又不能太大。N 值应受下列条件的制约:

$$N \leqslant \frac{\text{功率开关器件的允许开关频率}}{\text{最高的正弦调制信号频率}} \tag{1.3.2}$$

　　式(1.3.2)中的分母实际上就是 SPWM 变流器的最高输出频率。

　　(2) 最小间歇时间与调制度。为保证主电路开关器件的安全工作,必须使调制的脉冲波有最小脉宽与最小脉冲间歇的限制,以保证最小脉宽大于开关器件的导通时间 t_{on},而最小脉冲间歇大于器件的关断时间 t_{off}。在脉宽调制时,若 N 为偶数,则调制信号的幅值 U_m 与三角载波相交的两点恰好是一个脉冲的间歇。为了保证最小脉冲间歇大于 t_{off},必须使 U_m 低于三角载波的峰值 U_{cm}。因此,定义 U_m 与 U_{cm} 之比为调制度 M,即

$$M = \frac{U_m}{U_{cm}} \tag{1.3.3}$$

　　在理想情况下,M 值可在 $0 \sim 1$ 变化,以调节变流器输出电压的大小。实际上,M 总是小于 1 的,在 N 较大时,一般取 $0.8 \sim 0.9$。

　　4. 同步调制与异步调制

　　在实行 SPWM 时,视载波比 N 的变化与否,调制有同步调制与异步调制之分。

（1）同步调制。在同步调制方式中，N 为常数，变频时三角载波的频率与正弦调制波的频率同步改变，因而输出电压半波内的矩形脉冲数是固定不变的。如果取 N 等于 3 的倍数，则同步调制能保证输出波形的正、负半波始终对称，并能严格保证三相输出波形间具有互差 120° 的对称关系。但是，当输出频率很低时，由于相邻两脉冲间的间距增大，谐波会显著增加，这是同步调制方式的主要缺点。

（2）异步调制。为了消除同步调制的缺点，可以采用异步调制方式。异步调制时，在变压变频器的整个变频范围内，载波比 N 不等于常数。一般在改变调制波频率 f_r 时保持三角载波频率 f_c 不变，因而提高了低频时的载波比。这样输出电压半波内的矩形脉冲数可随输出频率的降低而增加，从而减少负载电动机的转矩脉动与噪声，改善系统的低频工作性能。异步调制方式在改善低频工作性能的同时，失去了同步调制的优点。当载波比 N 随着输出频率的降低而连续变化时，它不可能总是 3 的倍数，势必使输出电压波形及其相位都发生变化，难以准确保持三相输出的对称性。

（3）分段同步调制。为了扬长避短，可将同步调制和异步调制结合起来，称为分段同步调制方式，实用的 SPWM 变压变频器多采用这种方式。在一定频率范围内采用同步调制，可保持输出波形对称，但频率降低较多时，如果仍保持载波比 N 不变，那么输出电压谐波将会增大。为了避免这个缺点，可以采纳异步调制的长处，使载波比分段有级地加大，这就是分段同步调制方式。

5. SPWM 技术在 DSP 中的实现原理

SPWM 采样方法有多种，如自然采样法、对称规则采样法和不对称规则采样法。这里实验以对称规则采样法为例在 DSP 中实现分析。如图 1.3.5 所示，以三角载波峰值处为采样点，作一条垂线，交调制波于 D 点，然后在 D 点作一条水平线，交三角波于 B 点和 C 点两处。B 点和 C 点分别为开关器件开通和关断的时刻，也就是说，B、C 两点之间输出脉冲波形，每个载波周期都是如此，即 SPWM 波形。

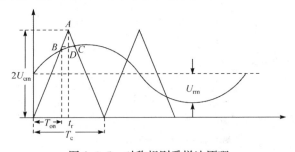

图 1.3.5　对称规则采样法原理

DSP2812 的通用定时器产生的三角载波从 0 向上计数，到达周期值后向下计数到 0，中间没有负半轴。所以为简化编程，把坐标原点定在三角波的波谷，以便实现双极性 SPWM 波。

假设三角载波幅值为 U_{cm}，周期为 T_c，频率为 f_c，正弦调制函数为

$$u_r = U_{rm} \sin(\omega t_r) \tag{1.3.4}$$

正弦波频率为 f_r。则载波比 N 为

$$N = \frac{f_c}{f_r} \tag{1.3.5}$$

调制度 M 为

$$M = \frac{U_{rm}}{U_{cm}}, \quad 0 \leqslant M < 1 \tag{1.3.6}$$

载波比 N 越大，在一个周波内采样点就越多，一般取载波比 N 为 3 的倍数。由图 1.3.5可得

$$\frac{T_{on}}{T_c/2} = \frac{U_{cm} + U_{rm} \sin(\omega t_r)}{2U_{cm}} \tag{1.3.7}$$

由于 $U_{rm} = MU_{cm}$，代入式(1.3.7)可得

$$T_{on} = \frac{T_c}{4} \left[1 + M \sin(\omega t_r) \right] \tag{1.3.8}$$

式中，t_r 为采样时刻，$\omega t_r = k \times \dfrac{2\pi}{N}$，$k = 0, 1, 2, \cdots, N-1$。正弦函数可以查表，也可以实时计算。

【实验内容与步骤】

1. 实验内容

观察 SPWM 现象、调制波波形、PWM 脉冲输出，理解 SPWM 原理。

2. 实验准备

所需主要硬件：计算机、仿真器、控制板(图 1.3.6)、示波器等。
所需软件：CCS 3.3。

3. 实验步骤

(1) 检查线路连接。
(2) 控制板 D/A 输出端和 PWM 输出端与示波器相连。
(3) 为控制板上电。
(4) 打开 CCS 3.3，并利用仿真器连接 DSP 控制板。
(5) 打开 SPWM 程序，编译连接生成 .out 文件。

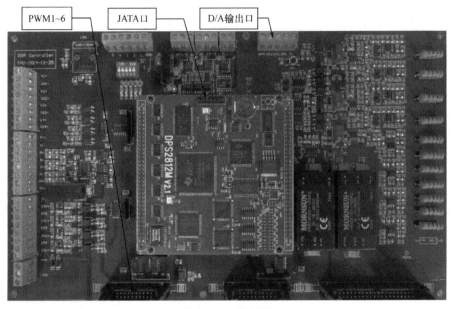

图 1.3.6　控制板

（6）将生成的 .out 文件下载到 DSP 中，并且运行 SPWM 程序。

（7）利用示波器观察调制波信号和 PWM 脉冲信号。

（8）记录波形。

4. 实验波形

实验波形如图 1.3.7 所示。其中，通道 CH1 输出为调制波，CH2 输出为
PWM 脉冲。

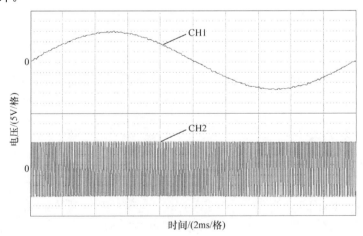

图 1.3.7　调制波及脉冲信号

【思考问题】

（1）采用欧美标准电压工频，调制比不变时，采样频率如何取值？

（2）如何计算 SPWM 下的直流电压利用率？

实验 1.4　空间矢量脉宽调制

【实验目的】

（1）掌握电压空间矢量脉宽调制（SVPWM）技术的基本原理。

（2）掌握 DSP2812 的 SVPWM 实现方法。

【实验原理】

SVPWM 是一种比较先进、计算量比较大的 PWM 方法，而且是用于电气传动的所有 PWM 方法中效果最好的一种，优秀的特性和功能使其近年来得到广泛的应用。

SVPWM 是一种特殊的脉宽大小和开关触发顺序的组合，对应于电压源型变流器开关器件，这种开关触发方式和组合的特点是产生三相互差的 120°电角度、失真较小的正弦波形。SVPWM 不仅考虑了负载各相间的相互作用，而且考虑了三相中性点隔离型负载谐波成分的优化。相比于 SPWM，SVPWM 的优点如下：

（1）SVPWM 优化谐波程度比较高，消除谐波效果比 SPWM 好，实现容易。

（2）SVPWM 直流电压利用率高，较 SPWM 提高了 15%。特别是直流母线电压较低的场合，SPWM 方法失败，此时利用 SVPWM 会得到较好的效果。

（3）在输出波形质量相同的条件下，SVPWM 要求的开关管开关频率比较低，可以减小开关管的开关损耗。

（4）SVPWM 可以获得较好的动态性能，可以在比较低的开关频率下获得较好的电流控制效果。

（5）SVPWM 比较适用于数字化控制系统。

1. SVPWM 技术原理

假设三相交流电压为

$$\begin{cases} u_a = U_m \cos(\omega t) \\ u_b = U_m \cos\left(\omega t - \dfrac{2}{3}\pi\right) \\ u_c = U_m \cos\left(\omega t + \dfrac{2}{3}\pi\right) \end{cases} \tag{1.4.1}$$

式中，U_m 为相电压的幅值；$\omega = 2\pi f$ 为相电压的角频率。

图 1.4.1 为三相电压的向量图,此向量图在该平面上形成一个复平面,其中实轴(Re)与 a 相电压向量重合,虚轴(Im)超前实轴 $\pi/2$。式(1.4.2)是三相相电压 u_a、u_b、u_c 合成的电压空间矢量 $\boldsymbol{U}_{\text{out}}$:

$$\boldsymbol{U}_{\text{out}} = \frac{2}{3}(u_a + u_b e^{j\frac{2}{3}\pi} + u_c e^{-j\frac{2}{3}\pi}) = U_m e^{j(\omega t - \frac{\pi}{2})} \tag{1.4.2}$$

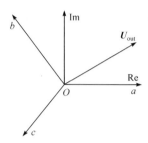

图 1.4.1　电压空间矢量

图 1.4.2 为三相电压源型变流器电路原理图。定义开关量 S_1、S_3、S_5 和 S_2、S_4、S_6 表示 6 个功率开关管的通断状态。当 S_1、S_3 或 S_5 为 1 时,逆变桥上桥臂对应的开关管开通,下桥臂对应的开关管关断(即 S_2、S_4 或 S_6 为 0);反之,当 S_1、S_3 或 S_5 为 0 时,上桥臂对应的开关管关断而下桥臂对应的开关管开通(即 S_2、S_4 或 S_6 为 1)。因为同一桥臂的上下两个开关管不允许同时开通,所以该变流器一共有 8 种不同的开关组态。而对于 8 种不同的开关组态(S_1、S_3、S_5),可得到 8 种不同的基本电压空间矢量。各矢量为

$$\boldsymbol{U}_{\text{out}} = \frac{2U_{\text{dc}}}{3}(S_1 + S_3 e^{j\frac{2}{3}\pi} + S_5 e^{-j\frac{2}{3}\pi}) \tag{1.4.3}$$

则相电压 U_{an}、U_{bn}、U_{cn},线电压 U_{ab}、U_{bc}、U_{ca} 以及 $\boldsymbol{U}_{\text{out}}(abc)$ 的值如表 1.4.1 所示(其中 U_{dc} 为直流母线电压)。

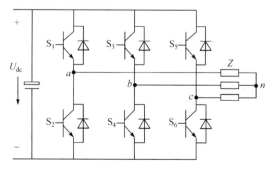

图 1.4.2　三相电压源型变流器电路原理图

表 1.4.1　开关组态与电压之间的关系

S_1	S_3	S_5	U_{an}	U_{bn}	U_{cn}	U_{ab}	U_{bc}	U_{ca}	U_{out}
0	0	0	0	0	0	0	0	0	0
1	0	0	$U_{dc}/3$	$-U_{dc}/3$	$U_{dc}/3$	U_{dc}	0	$-U_{dc}$	$\dfrac{2}{3}U_{dc}$
0	1	0	$-U_{dc}/3$	$2U_{dc}/3$	$-U_{dc}/3$	$-U_{dc}$	U_{dc}	0	$\dfrac{2}{3}U_{dc}e^{j\frac{2\pi}{3}}$
1	1	0	$U_{dc}/3$	$U_{dc}/3$	$-2U_{dc}/3$	0	U_{dc}	$-U_{dc}$	$\dfrac{2}{3}U_{dc}e^{j\frac{\pi}{3}}$
0	0	1	$-U_{dc}/3$	$-U_{dc}/3$	$2U_{dc}/3$	0	$-U_{dc}$	U_{dc}	$\dfrac{2}{3}U_{dc}e^{j\frac{4\pi}{3}}$
1	0	1	$U_{dc}/3$	$-2U_{dc}/3$	$U_{dc}/3$	U_{dc}	$-U_{dc}$	0	$\dfrac{2}{3}U_{dc}e^{j\frac{5\pi}{3}}$
0	1	1	$-2U_{dc}/3$	$U_{dc}/3$	$U_{dc}/3$	$-U_{dc}$	0	U_{dc}	$\dfrac{2}{3}U_{dc}e^{j\pi}$
1	1	1	0	0	0	0	0	0	0

　　从表 1.4.1 中可以看出,8 种电压空间矢量中包括 6 个非零电压矢量和 2 个零电压矢量。把这 8 种不同的空间电压矢量映射到图 1.4.1 所示的复平面,便可得到如图 1.4.3 所示的电压空间矢量图,它们把复平面平均分成了 6 个扇区。

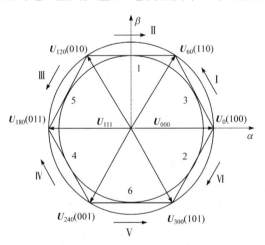

图 1.4.3　电压空间矢量示意图

2. SVPWM 算法实现

SVPWM 方法以平均值等效原理为理论基础，即在一个开关周期 T_{PWM} 内通过对基本电压矢量加以组合，使其平均值与给定电压矢量相等。假设电压空间矢量 $\boldsymbol{U}_{\text{out}}$ 在某个时刻旋转到某个区域，该矢量可由组成这个区域的零矢量($\boldsymbol{U}_0$)和两个相邻的非零矢量($\boldsymbol{U}_K$ 和 $\boldsymbol{U}_{K+1}$)在时间上的不同组合来表示。定义主矢量为先作用的 $\boldsymbol{U}_K$，辅矢量为后作用的 $\boldsymbol{U}_{K+1}$，作用时间为 T_K 和 T_{K+1}，$\boldsymbol{U}_{000}$ 作用时间为 T_0。以扇区 I 举例，图 1.4.4 为空间矢量的合成图。则基于平衡等效规则可得

$$T_{\text{PWM}}\boldsymbol{U}_{\text{out}} = T_1\boldsymbol{U}_0 + T_2\boldsymbol{U}_{60} + T_0(\boldsymbol{U}_{000} \text{ 或 } \boldsymbol{U}_{111}) \tag{1.4.4}$$

$$T_1 + T_2 + T_0 = T_{\text{PWM}} \tag{1.4.5}$$

$$\begin{cases} \boldsymbol{U}_1 = \dfrac{T_1}{T_{\text{PWM}}}\boldsymbol{U}_0 \\[3mm] \boldsymbol{U}_2 = \dfrac{T_2}{T_{\text{PWM}}}\boldsymbol{U}_{60} \end{cases} \tag{1.4.6}$$

式中，T_1、T_2 和 T_0 分别为 $\boldsymbol{U}_0$、$\boldsymbol{U}_{60}$ 和零矢量 $\boldsymbol{U}_{000}$、$\boldsymbol{U}_{111}$ 的作用持续时间。

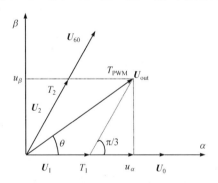

图 1.4.4　空间矢量的合成图

要合成所需的电压空间矢量，必须先计算 T_1、T_2、T_0，由图 1.4.4 可以得到：

$$\frac{|\boldsymbol{U}_{\text{out}}|}{\sin(2\pi/3)} = \frac{|\boldsymbol{U}_1|}{\sin(\pi/3 - \theta)} = \frac{|\boldsymbol{U}_2|}{\sin\theta} \tag{1.4.7}$$

式中，θ 为合成矢量和主矢量之间的夹角。

将式(1.4.6)及 $|\boldsymbol{U}_0| = |\boldsymbol{U}_{60}| = 2U_{\text{dc}}/3$ 和 $|\boldsymbol{U}_{\text{out}}| = U_{\text{m}}$ 代入式(1.4.7)中，可以得到：

$$\begin{cases} T_1 = \sqrt{3}\dfrac{U_m}{U_{dc}}T_{PWM}\sin\left(\dfrac{\pi}{3}-\theta\right) \\ T_2 = \sqrt{3}\dfrac{U_m}{U_{dc}}T_{PWM}\sin\theta \\ T_0 = T_{PWM}\left[1-\sqrt{3}\dfrac{U_m}{U_{dc}}\cos\left(\dfrac{\pi}{6}-\theta\right)\right] \end{cases} \tag{1.4.8}$$

取 SVPWM 调制深度 $M=\sqrt{3}U_m/U_{dc}$，在 SVPWM 中，要使合成矢量在线性区域内调制，则要满足 $|U_{out}|=U_m \leqslant 2U_{dc}/3$，即 $M_{max}=2/\sqrt{3}\approx1.1547>1$。由此可知，采用 SVPWM，调制深度最大可达 1.15，而 SPWM 的调制深度最大只能达到 1，这使得在采用 SVPWM 时，系统直流母线电压的利用率更高，这也是 SVPWM 的一个突出优点。

1）判断电压空间矢量 U_{out} 所在扇区

为了确定一个开关周期内所用的基本电压空间矢量，需要对空间矢量 U_{out} 所在扇区进行判断。参考电压矢量 U_{out} 在 α、β 轴上的分量设为 U_α 和 U_β，定义 U_{ref1}、U_{ref2}、U_{ref3} 三个变量，令

$$\begin{cases} U_{ref1}=u_\beta \\ U_{ref2}=\sqrt{3}u_\alpha-u_\beta \\ U_{ref3}=-\sqrt{3}u_\alpha-u_\beta \end{cases} \tag{1.4.9}$$

定义变量 A、B、C，通过分析不难得出：

若 $U_{ref1}>0$，则令 $A=1$，否则 $A=0$；

若 $U_{ref2}>0$，则令 $B=1$，否则 $B=0$；

若 $U_{ref3}>0$，则令 $C=1$，否则 $C=0$。

令扇区号 $N=4C+2B+A$，通过表 1.4.2 得出 U_{out} 所在的扇区。

表 1.4.2 N 与扇区的相应关系

N	3	1	5	4	6	2
扇区	Ⅰ	Ⅱ	Ⅲ	Ⅳ	Ⅴ	Ⅵ

2）计算各扇区相邻两非零矢量和零矢量作用时间

由图 1.4.4 可以得出：

$$\begin{cases} u_\alpha=\dfrac{T_1}{T_{PWM}}|U_0|+\dfrac{T_2}{T_{PWM}}|U_{60}|\cos\dfrac{\pi}{3} \\ u_\beta=\dfrac{T_2}{T_{PWM}}|U_{60}|\sin\dfrac{\pi}{3} \end{cases} \tag{1.4.10}$$

可以得出：

$$\begin{cases} T_1 = \dfrac{\sqrt{3}\,T_{\text{PWM}}}{2U_{\text{dc}}}(\sqrt{3}u_\alpha - u_\beta) \\[3mm] T_2 = \dfrac{\sqrt{3}\,T_{\text{PWM}}}{U_{\text{dc}}}u_\beta \end{cases} \tag{1.4.11}$$

同理,也可以推出其他扇区各矢量的作用时间,令

$$\begin{cases} X = \dfrac{\sqrt{3}\,T_{\text{PWM}}u_\beta}{U_{\text{dc}}} \\[3mm] Y = \dfrac{\sqrt{3}\,T_{\text{PWM}}}{U_{\text{dc}}}\left(\dfrac{\sqrt{3}}{2}u_\alpha + u_\beta\right) \\[3mm] Z = \dfrac{\sqrt{3}\,T_{\text{PWM}}}{U_{\text{dc}}}\left(-\dfrac{\sqrt{3}}{2}u_\alpha + u_\beta\right) \end{cases} \tag{1.4.12}$$

可以得到各个扇区 T_1、T_2、T_0 的作用时间如表 1.4.3 所示。

表 1.4.3 各扇区 T_1、T_2、T_0 的作用时间

N	1	2	3	4	5	6
T_1	Z	Y	$-Z$	$-X$	X	$-Y$
T_2	Y	$-X$	X	Z	$-Y$	$-Z$
T_0	$T_0 = T_{\text{PWM}} - T_1 - T_2$					

如果 $T_1 + T_2 > T_{\text{PWM}}$,则必须进行过调制处理,即令

$$\begin{cases} T_1 = \dfrac{T_1}{T_1 + T_2}T_{\text{PWM}} \\[3mm] T_2 = \dfrac{T_2}{T_1 + T_2}T_{\text{PWM}} \end{cases} \tag{1.4.13}$$

3) 确定空间电压矢量切换点

定义

$$\begin{cases} T_a = (T_{\text{PWM}} - T_1 - T_2)/4 \\ T_b = T_a + T_1/2 \\ T_c = T_b + T_2/2 \end{cases} \tag{1.4.14}$$

三相电压开关时间切换点 T_{cmp1}、T_{cmp2}、T_{cmp3} 与各扇区的关系如表 1.4.4 所示。

表 1.4.4 各扇区时间切换点 T_{cmp1}、T_{cmp2}、T_{cmp3} 与各扇区的关系

N	1	2	3	4	5	6
T_{cmp1}	T_b	T_a	T_a	T_c	T_c	T_b
T_{cmp2}	T_a	T_c	T_b	T_b	T_a	T_c
T_{cmp3}	T_c	T_b	T_c	T_a	T_b	T_a

为了限制开关频率,减少开关损耗,需要合理选择零矢量 000 和零矢量 111,使变流器在扇区切换过程中只有一个开关管动作。假设两个零矢量 000 和 111 在一个开关周期内的作用时间相等,生成对称的 PWM 波形,然后把每一个基本电压矢量的作用时间对分。例如,扇区 I 变流器的开关状态顺序为 000、100、110、111、110、100、000,将三角波的周期 T_{PWM} 当作定时周期,与切换点 T_{cmp1}、T_{cmp2}、T_{cmp3} 比较,调制出 SVPWM 波形,图 1.4.5 为其输出的波形。同理,也能得出其他扇区的波形图。

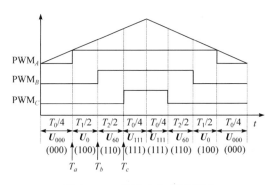

图 1.4.5　扇区 I 内 SVPWM

3. DSP 实现 SVPWM 算法流程

DSP 主程序中的 SVPWM 算法流程如图 1.4.6 所示。定时器 T1 时钟设为比较单元的时间基准,T1 定时周期设为 0.1ms,即 SVPWM 的开关频率为 10kHz。当比较寄存器内存储的数值与定时器 T1 的计数值相等时就会发生比较事件,输出对应的 SVPWM 脉冲。但是,比较寄存器的值是在不断变化的,所以可以输出一系列不同的 SVPWM 波。通过判断电压合成矢量所在的扇区决定 IPM 开关管的导通顺序和导通时间。为了避免同一桥臂的开关管上下直通,需要在上下管互补脉冲之间设置一个死区时间,这里的死区时间设为 3.2μs。

【实验内容与步骤】

1. 实验内容

观察 SVPWM 现象、调制波波形、PWM 脉冲输出,理解 SVPWM 原理。

2. 实验准备

所需主要硬件:计算机、仿真器、控制板、示波器等。
所需软件:CCS 3.3。

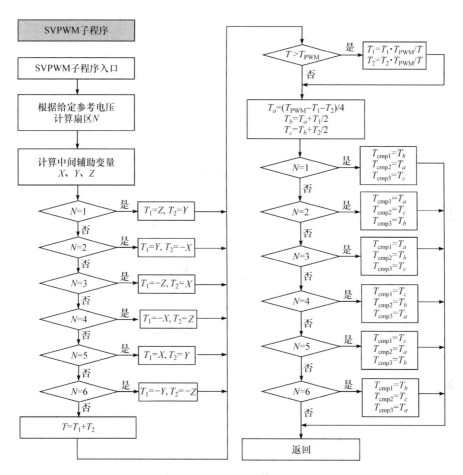

图 1.4.6　SVPWM 算法流程

3. 实验步骤

（1）检查线路连接。

（2）控制板 D/A 输出端和 PWM 输出端与示波器相连。

（3）为控制板上电。

（4）打开 CCS 3.3，并利用仿真器连接 DSP 控制板。

（5）打开 SVPWM 程序，编译连接生成.out 文件。

（6）将生成的.out 文件下载到 DSP 中，并且运行 SVPWM 程序。

（7）利用示波器观察调制波信号和 PWM 脉冲信号。

（8）记录波形。

4. 实验波形

实验结果如图 1.4.7 所示，调制波为马鞍波，在调制波与载波的作用下产生 PWM 脉冲信号。其中，通道 CH1 为调制波，CH2 为 PWM 脉冲。

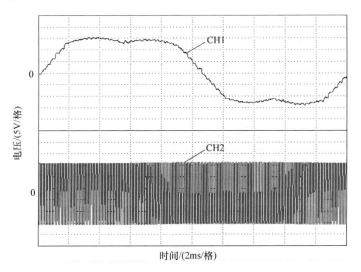

图 1.4.7　调制波和脉冲信号

【思考问题】

(1) SVPWM 与 SPWM 相比有何优点？

(2) SVPWM 开关频率的选取对该调制方法有什么影响？

实验 1.5　单相锁相环

【实验目的】

（1）理解单相锁相环在光伏并网发电单相变流器中的重要性。

（2）掌握单相锁相环的锁相原理。

（3）掌握单相锁相环控制策略与实现方法。

【实验原理】

并网型的电力电子变换器都有一个共同的特点，即它们直接或通过变压器、电抗器等设备与电网连接，并依赖电源电压与电网保持同步运行。要实现并网变换器与电网的同步运行，首先必须检测电网电压的频率和相位，并以此来控制变换器，使其与电网电压保持同步。一般用锁相环（phase locked loop，PLL）获得电网电压相位角，它的基本功能是锁定单相电压的相位或者三相电网电压正序分量的相位，但有的情况下还需要提供频率和幅值信息，锁相系统的这些输出信息都参与了电力变换器的控制过程，因而它的性能好坏在电力变换器系统中起到举足轻重的作用。

在光伏并网发电系统中，需要实时检测电网电压的相位，就要有一个环节对电网电压进行跟踪和锁相，即锁相环。锁相环是光伏并网变流器控制的核心部分之一，直接影响光伏并网发电性能。锁相环一般分为硬件锁相环和软件锁相环，软件锁相环的思想来源于硬件锁相环。

1. 并网变换器对锁相环的基本要求

锁相同步技术及其具体实现方案不能脱离具体的应用背景，不同的应用背景对锁相同步电路要求的侧重点会有所不同。随着电网环境的变化和变换器技术的不断发展，并网变换器对锁相同步技术和电路的要求也在不断提高。

非理想情况下的电网有可能出现很多电能质量问题，当某个控制系统需要通过锁相方法检测电网电压的相位时，锁相方法对这些电能质量问题的抑制能力就成为检验锁相性能好坏的标准。通常主要考虑的问题包括：

（1）电网电压经常发生跌落、闪变等动态电能质量问题，并且这些异常的出现均是不可预计而且需要及时补偿的。所以，要求并网变换器能够对电网电压相位的变化在毫秒级的时间内能做出快速响应，即要求并网变换器的锁相方法要有良好的动态性能，保证当电压跌落和骤升时不对锁相性能造成太大影响。

（2）在三相系统的电压畸变中，三相电压不平衡是一个重要现象，这就要求电力电子装置的锁相方法能够捕获正序基波分量的相位，对三相不平衡情况有很强的抑制作用。

（3）电网电压会发生相位、频率突变等问题，当相位突变时，锁相环应该能够快速检测出变化后的相位值；当发生小幅度的电压频率偏移时，锁相环需要检测出频率的变化而且不至于使锁相的系统性能变差。

（4）并网变换器锁相方法的捕获目标是网侧输入电压中基波正序的相位，这就要求在网侧电压畸变情况下锁相方法仍能够准确捕获其相位，即要求锁相方法对畸变电压有很强的抑制作用。

（5）对于一些电力补偿装置如动态电压恢复器，锁相方法不仅要实时检测网侧电压的相位，而且要实时监测网侧电压的幅值变化状况用来判断并决定电力补偿装置的工作模式。

2. 锁相环的种类

通常，锁相环按结构不同大致归类为以下四种。

1）模拟锁相环

模拟锁相环（analog phase locked loop，APLL）是掌握锁相技术的基础，它由鉴相器（PD）、环路滤波器（LF）和压控振荡器（VCO）组成，由纯模拟电路构成，其中鉴相器为模拟乘法器，该类型的锁相环也称为线性锁相环（linear phase locked loop，LPLL），其主要缺点为压控振荡器非线性、环路中使用的运算放大器和晶体管后出现饱和、运算放大器和鉴相器的零漂等对环路性能有影响。

2）全数字锁相环

全数字锁相环（all digital phase locked loop，ADPLL）由纯数字电路构成，该类型的锁相环完全由数字电路构成而且不包括任何无源器件，如电阻和电容。它具有一切数字系统特有的显著优点，即电路完全数字化，使用逻辑门电路和触发器电路，受外界和电源干扰的可能性大大减小；电路容易集成，易于制成全集成化的单片全数字锁相环路，系统的可靠性大大提高。除此之外，全数字锁相环还可以减缓或消除模拟锁相环中压制振荡器的非线性、器件饱和以及运算放大器和鉴相器的零漂等对环路性能的影响。其不足之处为：硬件的实现受数字集成电路逻辑速度的限制，因此全数字锁相环未被广泛使用。

3）混合锁相环

混合锁相环（hybrid phase locked loop，HPLL）由模拟电路和数字电路构成，鉴相器由数字电路构成，如异或门、JK 触发器等，而其他模块由模拟电路构成。主要缺点为：它的中心频率受所在芯片上寄生电容的影响，变化范围太大，以致在严格应用中必须进行调整；许多参数也受温漂和器件老化的影响。

4）软件锁相环

软件锁相环（software phase locked loop，SPLL）的功能不用一些专用的硬件实现,而是由计算机程序完成。它可以克服一些硬件难以克服的难题,如直流零点漂移、器件饱和、必须初始化校准等。过去由于受微机运行速度的限制,软件锁相环的上限工作频率较低(一般在 1kHz 左右)。随着微处理器速度的不断提高,软件锁相环的实现成为可能,其特点是:智能化程度更高,性能更加完美;控制灵活,装置升级方便,甚至可以在线修改控制算法,而不必对硬件电路做改动;成本低,体积小,生产制造方便。

3. 单相闭环乘法鉴相锁相环原理

单相软件锁相环是单相光伏发电系统中研究的重点,典型的单相软件锁相环方案有以下几种:基于虚拟平均无功鉴相的单相软件锁相环、基于虚拟信号重构的单相软件锁相环、基于延迟法虚拟两相的单相软件锁相环和基于二阶广义积分器虚拟两相的单相软件锁相环等。基本锁相环实现方法有开环锁相法中的过零鉴相法和闭环锁相环中的乘法鉴相法。一般软件锁相环通常采用闭环乘法鉴相锁相环,本实验也采用闭环乘法鉴相锁相环。

锁相环的基本结构如图 1.5.1 所示,它由三个基本块组成:鉴相器、环路滤波器、压控振荡器。

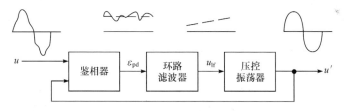

图 1.5.1　锁相环基本结构

(1) 鉴相器模块。该模块产生一个输入信号 u 和锁相环内部振荡器产生的信号 u' 之间的相位差。在鉴相器的输出信号中,高频交流分量伴随着直流相角偏差信号一起出现,具体情况因鉴相器的类型而异。

(2) 环路滤波器模块。该模块具有低通滤波器特性,可以削弱鉴相器输出中的高频交流信号。典型的环路滤波器模块可由一个一阶低通滤波器或者一个 PI 控制器构成。

(3) 压控振荡器模块。该模块生成一个交流信号,该信号的频率相对给定的中央频率 ω_c 进行移动,是环路滤波器所提供的输入电压信号函数。

1) 锁相环的基本方程

基本锁相环的框图如图 1.5.2 所示。在这种情况下,鉴相器由一个简单的乘法器实现,环路滤波器为 PI 控制器,压控振荡器由一个线性积分器与余弦函数构成。

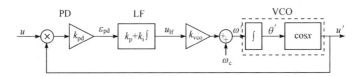

图 1.5.2　闭环锁相环控制结构

其基本工作原理是：鉴相器将电网电压和控制系统内部同步信号的相位差信号转变成电压，经过环路滤波器滤波后控制压控振荡器，从而改变系统内部同步信号的频率和相位，使之与电网电压一致。

单相电网电压测量值作为锁相环输入指令 u：

$$u = U\sin\theta = U\sin(\omega t + \phi) \tag{1.5.1}$$

现令压控振荡器输出为 u'，即

$$u' = \cos\theta' = \cos(\omega' t + \phi') \tag{1.5.2}$$

输入信号和输出信号经过乘法鉴相器(PD)得到的输出电压为

$$\varepsilon_{pd} = U k_{pd}\sin(\omega t + \phi)\cos(\omega' t + \phi')$$

$$= \frac{U k_{pd}}{2}\{\sin[(\omega - \omega')t + (\phi - \phi')] + \sin[(\omega + \omega')t + (\phi + \phi')]\} \tag{1.5.3}$$

由于 PD 误差信号中含有高频谐波干扰信号，要通过第二个环路滤波模块滤除高频干扰信号，所以下面只考虑低频项。因此，分析中的 PD 误差信号为

$$\varepsilon_{pd} = \frac{U k_{pd}}{2}\sin[(\omega - \omega')t + (\phi - \phi')] \tag{1.5.4}$$

由式(1.5.4)可知，由于正弦函数的存在，PD 产生非线性的相角检测信号。然而，当相角误差很小时，即当 $\phi \approx \phi'$ 时，有 $\sin(\phi - \phi') \approx \sin(\theta - \theta') \approx \theta - \theta'$，所以 PD 的输出能够在工作点附近进行线性化。因此，一旦锁相环被锁相，相角误差信号中的相关项就能写为

$$\bar{\varepsilon}_{pd} = \frac{U k_{pd}}{2}(\theta - \theta') \tag{1.5.5}$$

式(1.5.5)可以用来实现 PD 的小信号线性化模型。在锁相状态时，这个模型是一个零阶的模块，其增益取决于输入信号的幅值。

就压控振荡器而言，其平均频率为

$$\bar{\omega}' = \omega_c + \Delta\bar{\omega}' = \omega_c - k_{vco}\bar{u}_{lf} \tag{1.5.6}$$

式中，ω_c 为压控振荡器的中心频率，并作为前馈参数提供给锁相环，其取值大小取决于所要检测频率的范围，因此压控振荡器频率的小信号波动可以写为

$$\tilde{\omega}' = k_{vco}\tilde{u}_{lf} \tag{1.5.7}$$

而由锁相环检测得到的相角波动可写为

$$\tilde{\theta}' = \int \tilde{\omega}' \mathrm{d}t = \int k_{\mathrm{vco}} \bar{u}_{\mathrm{lf}} \mathrm{d}t \tag{1.5.8}$$

2）锁相环的线性化小信号模型

通过拉普拉斯变换，可将前面的时域方程转换为复频域方程。如果 $k_{\mathrm{pd}} = k_{\mathrm{vco}} = 1$，则可以获得锁相环中有关信号的表达式如下。

（1）相角检测环节：

$$E_{\mathrm{pd}}(s) = \frac{U}{2}\big[\theta(s) - \theta'(s)\big] \tag{1.5.9}$$

（2）环路滤波环节：

$$U_{\mathrm{lf}}(s) = k_{\mathrm{p}}\Big(1 + \frac{1}{T_{\mathrm{i}}s}\Big)E_{\mathrm{pd}}(s) \tag{1.5.10}$$

（3）压控振荡器环节：

$$\theta'(s) = \frac{1}{s}U_{\mathrm{lf}}(s) \tag{1.5.11}$$

因此，锁相环的小信号模型可用图 1.5.3 所示的框图来描述。对此闭环系统（其中 $k_{\mathrm{pd}} = k_{\mathrm{vco}} = 1$ 和 $U = 1$）进行简单分析可得如下传递函数。

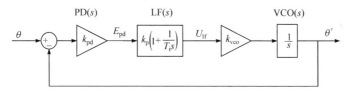

图 1.5.3　基本锁相环的小信号模型

开环相角传递函数为

$$F_{\mathrm{OL}}(s) = \mathrm{PD}(s) \cdot \mathrm{LF}(s) \cdot \mathrm{VCO}(s) = k_{\mathrm{p}}\Big(1 + \frac{1}{T_{\mathrm{i}}s}\Big) \cdot \frac{1}{s} = \frac{k_{\mathrm{p}}s + \dfrac{k_{\mathrm{p}}}{T_{\mathrm{i}}}}{s^2} \tag{1.5.12}$$

闭环相角传递函数为

$$H_{\theta}(s) = \frac{\theta'(s)}{\theta(s)} = \frac{F_{\mathrm{OL}}(s)}{1 + F_{\mathrm{OL}}(s)} = \frac{k_{\mathrm{p}}s + \dfrac{k_{\mathrm{p}}}{T_{\mathrm{i}}}}{s^2 + k_{\mathrm{p}}s + \dfrac{k_{\mathrm{p}}}{T_{\mathrm{i}}}} \tag{1.5.13}$$

闭环误差传递函数为

$$E_{\theta}(s) = 1 - H_{\theta}(s) = \frac{s^2}{s^2 + k_{\mathrm{p}}s + \dfrac{k_{\mathrm{p}}}{T_{\mathrm{i}}}} \tag{1.5.14}$$

由上述传递函数可以得出一些关于图 1.5.3 所示锁相环性能的初步结论。式(1.5.12)所示的开环相角传递函数表明该锁相环是一个原点处有两个极点的Ⅱ型系统。这意味着它甚至可以稳态无差地跟踪输入相角中恒定斜率的斜坡信号。而式(1.5.13)所示的传递函数揭示出锁相环在检测输入相角时呈现低通滤波器的特性,这一特性有助于减少由输入信号中可能存在的噪声和高次谐波造成的检测误差。这些二阶传递函数能够写成如下归一化形式:

$$H_\theta(s) = \frac{2\xi\omega_n s + \omega_n^2}{s^2 + 2\xi\omega_n s + \omega_n^2} \tag{1.5.15}$$

$$E_\theta(s) = \frac{s^2}{s^2 + 2\xi\omega_n s + \omega_n^2} \tag{1.5.16}$$

式中

$$\omega_n = \sqrt{\frac{k_p}{T_i}}, \quad \xi = \frac{\sqrt{k_p T_i}}{2}$$

锁相环的工作过程是一个循环校正的过程,当锁相环的基准信号和输出信号之间有相位差时,鉴相器输出与相位差大小成比例的脉冲作用在低通滤波器上,滤波后的电压使压控振荡器的输出频率发生变化,直至两者的相位差为零,达到同频同相。低通滤波器电路的参数选择将影响锁相环的动态过程。

【实验内容与步骤】

1. 实验内容

观察单相锁相环锁相效果。

2. 实验准备

所需主要硬件:计算机、仿真器、控制板、驱动板、三相电压源、示波器等。
所需软件:CCS 3.3。

3. 实验步骤

(1) 检查线路连接。
(2) D/A 输出端和 PWM 输出端与示波器相连。
(3) 单相电压源接驱动板交流电输入。
(4) 为控制板上电。
(5) 打开 CCS 3.3,并利用仿真器连接 DSP 控制板。
(6) 打开单相锁相环程序,编译连接生成 .out 文件。
(7) 将生成的 .out 文件下载到 DSP 中,并且运行该程序。

（8）利用示波器观察 D/A 输出的相角变化和实际波形。

（9）记录波形。

4. 实验波形

图 1.5.4 为单相锁相环测试结果。其中,通道 CH1 为电压信号,CH2 为单相电压锁相相位。

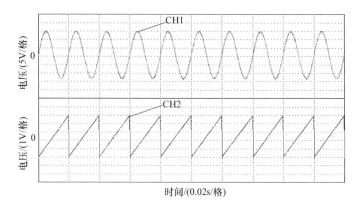

图 1.5.4　锁相环输出角度和 a 相电压的变化曲线

【思考问题】

（1）电网电压发生畸变时,对单相锁相环相位有何影响?

（2）三相电压不对称对锁相环有何影响?

实验 1.6　三相锁相环

【实验目的】

(1) 了解三相锁相环在三相并网变流器中的重要性。

(2) 掌握三相软件锁相环获取电网电压相位角的原理。

【实验原理】

1. 三相锁相环的种类

锁相环的基本结构已在实验 1.5 中介绍,三相锁相环技术是对三相系统进行坐标变换实现同步锁定,从而实现三相锁相环控制。三相锁相环控制方案有多种,如单同步坐标系软件锁相环、基于对称分量法的单同步坐标系软件锁相环、基于双坐标系的解耦软件锁相环和基于双二阶广义积分器的软件锁相环。

单同步坐标系软件锁相环采用的是单一的同步坐标锁相控制结构,一般用于电压平衡时的相位、频率和幅值检测。

基于对称分量法的单同步坐标系软件锁相环用于解决三相电网中电压负序引起的电网电压不平衡情况,因为在正序坐标系中,其负序分量是二次谐波形式。该方法主要是先将正序分量从不平衡电压中分离出来,再将正序分量作为软件锁相环输入,进行锁相控制,从而抑制电网电压中负序分量引起的二次谐波。

基于双坐标系的解耦软件锁相环是为了解决三相电网电压不平衡时的锁相问题。这种方案采用基于正负序双同步坐标系的软件锁相环系统结构。采用正序、负序的解耦算法,从而有效克服频率变化对锁相环的影响。

基于双二阶广义积分器的软件锁相环是为了更好地解决电网电压不平衡时的锁相问题,并使锁相环对电网电压谐波不敏感。该方案的基本出发点是通过构建二阶广义积分器的自适应滤波器来实现 90° 的相角偏移和谐波的滤除。

2. 三相锁相环的工作原理

在三相并网变流器的设计中,快速而又准确地得到三相电网电压的相位角是整个系统具有良好稳态和动态性能的前提保证。一般来说,获得电网电压相位角的办法是必须产生一个与电网电压同步的信号,再通过这个同步信号获得电压的相位角。

锁相环具有多种类型,可以使用硬件电路来检测电网电压的过零点进行锁相,这种方案原理和结构都比较简单,易于工程实现。但是这种方法比较依赖过零点时刻的检测,每半个周期只出现一次过零点,两点间得不到相位信息,这将限制锁相的速度;而且,在电力系统中不可避免地存在谐波与噪声,使得基波零点与信号零点不一致,应用得到的检测结果产生较大的误差,从而使锁相精度受到影响。

为了避免依赖过零点检测产生的问题,通常采用三相软件锁相环(software phase-locked loop,SPLL)方法。软件锁相环与硬件锁相环相比更容易与整体控制方法相配合,性能稳定且工作可靠。若要准确实现 dq 坐标系与电网电压合成矢量的同步,需要综合电网三相电压的相位信息。如图 1.6.1 所示,对于三相电网,当电网电压幅值,即电压合成矢量 u_s 的幅值不变时,则 u_s 的 q 轴分量 u_{sq} 反映了 d 轴电压分量 u_{sd} 与电网电压合成矢量 u_s 的相位关系。当 $u_{sq}<0$ 时,d 轴超前合成矢量 u_s,此时应减小同步信号的频率;当 $u_{sq}>0$ 时,d 轴滞后合成矢量 u_s,此时应增大同步信号频率;当 $u_{sq}=0$ 时,d 轴与合成矢量 u_s 同相。可见,可以通过控制 q 轴分量 $u_{sq}=0$ 来使电压合成矢量 u_s 定向于其 d 轴分量 u_{sd},实现两者之间的同相,三相软件锁相环就是基于这一思想。

三相电压软件锁相环的结构框图如图 1.6.2 所示,图中虚线框中的模块可以视为一个鉴相器,PI 调节器可以视为一个环路滤波器,积分环节可以视为一个压控振荡器。ω_1 为压控振荡器的固有频率,此处取 $\omega_1=100\pi$。不断调节 q 轴电压 PI 调节器,输出的相位角 θ 将随输入相位角 θ_1 的变化而变化,即 θ 同步于 a 相电压相位。由以上分析可知,软件锁相环控制原理比较简单,易于使用 DSP 程序进行编程。

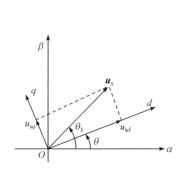

图 1.6.1　电压矢量相位差关系图

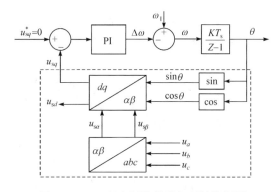

图 1.6.2　三相电压软件锁相环结构框图

从以上分析也可以看出,软件锁相环检测三相电网电压相位基于坐标变换思想,电网电压平衡条件下,三相电压瞬时值可以表示为

$$
\begin{cases}
u_a = U_{\mathrm{m}} \cos\theta \\[2mm]
u_b = U_{\mathrm{m}} \cos\left(\theta - \dfrac{2}{3}\pi\right) \\[2mm]
u_c = U_{\mathrm{m}} \cos\left(\theta + \dfrac{2}{3}\pi\right)
\end{cases}
\tag{1.6.1}
$$

式中, U_{m} 为 a 相电压峰值; θ 为 a 相电压相位。假设软件锁相环计算出的相位为 θ', 则利用软件锁相环锁定角度进行坐标变换:

$$
\begin{bmatrix} u_d \\ u_q \end{bmatrix} = \sqrt{\dfrac{2}{3}}
\begin{bmatrix}
\cos\theta & \cos\left(\theta - \dfrac{2\pi}{3}\right) & \cos\left(\theta - \dfrac{4\pi}{3}\right) \\[2mm]
-\sin\theta & -\sin\left(\theta - \dfrac{2\pi}{3}\right) & -\sin\left(\theta - \dfrac{4\pi}{3}\right)
\end{bmatrix}
\begin{bmatrix} u_a \\ u_b \\ u_c \end{bmatrix}
= \sqrt{\dfrac{2}{3}}
\begin{bmatrix} \cos(\theta - \theta') \\ \sin(\theta - \theta') \end{bmatrix}
\tag{1.6.2}
$$

式中, u_d、u_q 分别是三相电压经过同步旋转坐标变换得到的 d、q 轴电压分量。由式(1.6.2)可知, 令 $u_q = 0$, 有

$$
\begin{bmatrix} u_d \\ u_q \end{bmatrix} = \sqrt{\dfrac{2}{3}} U_{\mathrm{m}} \begin{bmatrix} 1 \\ 0 \end{bmatrix}
\tag{1.6.3}
$$

即 $\theta - \theta' = \sin(\theta - \theta') = 0$, 实现了电网电压的锁定。

3. 三相锁相环仿真分析

仿真中用三相可编程电压源(3-phase programmable voltage source)模块模拟电网电压, 可以模拟基波分量的幅值、频率或相位突变情况。三相电压基波频率为 50Hz, 初始幅值 10V, a 相初始相位 0°, b 相超前 a 相 120°, c 相超前 b 相 120°。下面具体对正常情况下的幅值突变、相位突变、频率变化进行仿真, 在一个变量变化时其他量保持不变。

(1) 图 1.6.3(a)给出的是正常情况下的锁相环仿真波形, 可见正常条件下, 锁相环锁相灵敏, 能实时跟踪 a 相电压。

(2) 图 1.6.3(b)给出的是在 0.2s 时 a 相电压幅值跳变时的锁相环波形, 由结果可知, 在 0.2s 前后均能较好地跟踪到 a 相相位。

(3) 图 1.6.3(c)给出的是 0.2s 时 a 相相位由 0°跳变到 40°时的波形, 可以看出, 在 0.2s 时软件锁相环失去跟踪后, 在约三个工频周期(0.06s)后恢复跟踪, 并能够保持稳定。

(4) 图 1.6.3(d)给出的是电网相电压幅值为 10V、a 相初始相位为 30°、电网频率由 50Hz 变为 51Hz 时的波形, 由图可知, 到 0.06s 时已经锁住相位。

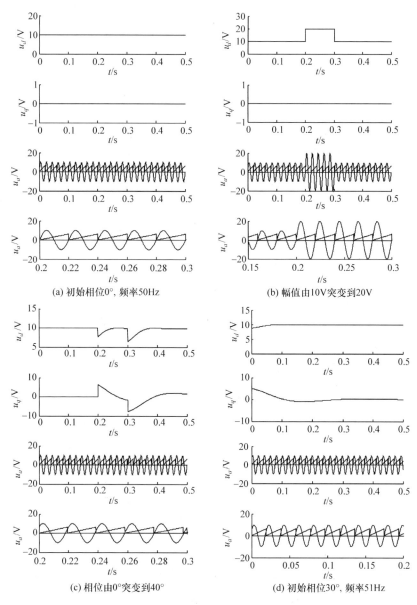

(a) 初始相位0°, 频率50Hz

(b) 幅值由10V突变到20V

(c) 相位由0°突变到40°

(d) 初始相位30°, 频率51Hz

图 1.6.3　软件锁相环仿真波形

【实验内容与步骤】

1. 实验内容

理解三相软件锁相环工作原理,观察三相锁相环的锁相现象。

2. 实验准备

所需主要硬件：计算机、仿真器、控制板、驱动板、三相电压源、示波器等。
所需软件：CCS 3.3。

3. 实验步骤

(1) 检查线路连接。
(2) 控制 D/A 输出端和 PWM 输出端与示波器相连。
(3) 三相电压源接电源传感器。
(4) 为控制板上电。
(5) 打开 CCS 3.3，并利用仿真器连接 DSP 控制板。
(6) 打开三相锁相环程序，编译连接生成 .out 文件。
(7) 将生成的 .out 文件下载到 DSP 中，并且运行该程序。
(8) 利用示波器观察 D/A 输出的锁相效果。
(9) 记录波形。

4. 实验波形

图 1.6.4 为锁相环输出角度和三相相电压的变化曲线。其中，通道 CH1、CH2 和 CH3 分别为三相电压 U_a、U_b 和 U_c 的采样值；通道 CH4 为锁相环输出的锁相相角。

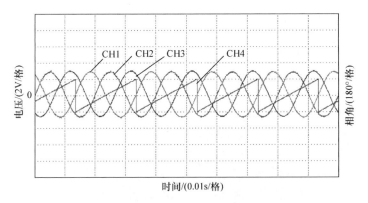

图 1.6.4　锁相环输出角度和三相相电压的变化曲线

【思考问题】

(1) 三相电压输入相序对锁相环有什么影响？
(2) 三相电压不对称对锁相环有什么影响？

第 2 章　单相光伏并网发电技术实验

本章主要介绍单相光伏并网发电技术实验,包括单相光伏并网发电最大功率点跟踪实验、阴影遮挡光伏阵列最大功率点跟踪实验和单相光伏发电孤岛检测实验。

实验 2.1　单相光伏并网发电最大功率点跟踪

【实验目的】

(1) 了解最大功率点跟踪在光伏并网发电技术中的重要性。

(2) 理解最大功率点原理。

(3) 理解单相光伏并网发电最大功率点跟踪方法。

【实验原理】

目前,根据功能,常见的光伏并网发电系统可以分为两类:一类是包含蓄电池的可调度式光伏并网发电系统;另一类是不含蓄电池的不可调度式光伏并网发电系统。可调度式光伏并网发电系统与不可调度式光伏并网发电系统相比最大的不同是系统中含有蓄电池,比不可调度式光伏并网发电系统的功能更加优化。同时,其可以帮助电网调节能量分配,兼有有源滤波和不间断电源的功能,有益于电网的调峰。但是,作为储能环节的蓄电池存在寿命短、造价高等缺点。

根据变流器的控制方式和拓扑结构,光伏并网发电系统可以分为单级式光伏并网发电系统、双级式光伏并网发电系统和多级式光伏并网发电系统等。单级式光伏并网发电系统由光伏阵列、DC/AC 变流器和滤波环节构成,其中 DC/AC 变流器同时完成最大功率控制和并网逆变控制功能;双级式光伏并网发电系统由光伏阵列、DC/DC 升压环节、逆变环节和滤波环节等构成,其中 DC/DC 升压环节完成最大功率跟踪控制功能,逆变环节由单独的变流器控制。

单级式光伏并网发电系统只包含一个能量变换环节,同时完成最大功率跟踪和并网逆变的功能,系统结构简单,效率高,不足之处在于系统的控制部分会变得复杂。双级式光伏并网发电系统结构环节较多,系统的成本高、效率低,不适用于大功率的光伏并网发电系统,优点在于系统功率点控制和逆变控制分别由两个环节完成,控制系统相对简单。

1. 光伏电池特性

光伏电池根据光生伏特效应将太阳能转化为电能,其等效电路如图 2.1.1 所示,光伏电池的数学模型可以用单指数模型(2.1.1)来描述:

$$I_{\mathrm{L}} = I_{\mathrm{sc}} - I_0 \left\{ \exp\left[\frac{q}{AkT}(U_{\mathrm{oc}} + I_{\mathrm{L}}R_{\mathrm{s}}) \right] - 1 \right\} - \frac{U_{\mathrm{D}}}{R_{\mathrm{sh}}} \tag{2.1.1}$$

式中,I_{sc} 为光子在光伏电池中激发的电流;I_0 为光伏电池在无光照时的饱和电流;I_{L} 为负载侧电流;U_{oc} 为光伏电池开路电压;q 为电子电荷;A 为常数因子;U_{D} 为二极管等效端电压;R_{s} 为串联电阻;R_{sh} 为旁漏电阻;k 为玻尔兹曼常量;T 为光伏电池表面温度。

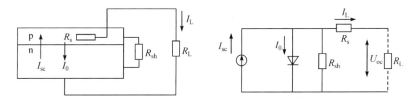

图 2.1.1   光伏电池的单二极管等效电路

光伏电池的输出特性与光照强度 S 有关,图 2.1.2 给出了当光伏电池表面温度 T 不变时,光伏电池输出电压 U 与电流 I 以及输出电压 U 与输出功率 P 的曲线族。由 $I\text{-}U$ 曲线族可以得到:光伏电池开路电压 U_{oc} 随光照强度的变化不大,而短路电流 I_{sc} 随光照强度有明显的变化。$P\text{-}U$ 曲线族中的最大功率点 P_{m} 随光照强度的变化也有明显的变化。

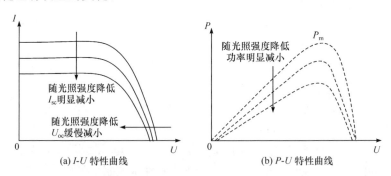

(a) $I\text{-}U$ 特性曲线   (b) $P\text{-}U$ 特性曲线

图 2.1.2   光伏电池在不同光照强度下的 $I\text{-}U$、$P\text{-}U$ 特性曲线(标幺值)

图 2.1.3 为在保持光照强度不变的情况下,光伏电池的输出特性随温度变化的曲线族。由该曲线族可以看出,光伏电池的电流随温度变化影响不大,开路电压随温度的变化而线性变化,温度越高,开路电压越小。最大功率点 P_{m} 随温度的变化也有较大的变化,温度越高,最大功率越小。

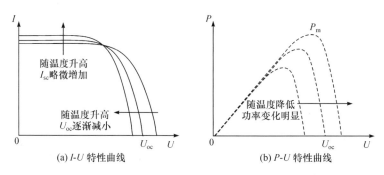

图 2.1.3 光伏电池在不同温度下的 *I-U*、*P-U* 特性曲线(标幺值)

从图 2.1.2 和图 2.1.3 可以看出光伏电池的电压、电流和功率随温度、光照强度等外界条件的变化而变化的特性,也可以看出光伏电池既不是恒压源也不是恒流源,它是一个非线性的直流电源。光伏电池所能提供的能量是受外界条件限制的,不可能为负荷提供无穷大的能量。从图中还可以看出,在较低的电压区域光伏电池可近似看成一个恒流源,在较高的电压区域光伏电池可近似看成一个恒压源,两个区域的交点即光伏电池输出的最大功率点。因此,在工程中经常会采用最大功率点跟踪(maximum power point tracking,MPPT)算法使光伏电池工作在最大功率点(maximum power point,MPP)处。

2. 光伏电池及其控制

光伏电池是利用光生伏特效应将光能转换为电能的器件,光伏电池分析时多采用等效电路分析,构建光伏电池数学模型。基于实用性与精确性原则,在保障工程精度的前提下,分析采用的工程数学模型如式(2.1.2)~式(2.1.10)所示。光伏电池厂家一般会提供标准测试条件下最大功率点处的电流 I_m、最大功率点处的电压 U_m、最大功率点处输出功率 P_m、开路电压 U_{oc}、短路电流 I_{sc} 等有限产品参数。

$$\Delta S = \frac{S}{S_{ref}} - 1 \tag{2.1.2}$$

$$\Delta T = T - T_{ref} \tag{2.1.3}$$

$$I'_{sc} = \frac{I_{sc}S}{S_{ref}(1 + a\Delta T)} \tag{2.1.4}$$

$$U'_{oc} = U_{oc}[(1 - c\Delta T)\ln(e + b\Delta S)] \tag{2.1.5}$$

$$I'_m = I_m \cdot \frac{S}{S_{ref}}(1 + a\Delta T) \tag{2.1.6}$$

$$U'_m = U_m[(1 - c\Delta T)\ln(e + b\Delta S)] \tag{2.1.7}$$

$$I_L = I_{sc}\left\{1 - C_1\left[\exp\left(\frac{U}{C_2 U_{oc}}\right) - 1\right]\right\} \tag{2.1.8}$$

$$C_1 = \left(1 - \frac{I_m}{I_{sc}}\right)\exp\left(\frac{-U_m}{C_2 U_{oc}}\right) \tag{2.1.9}$$

$$C_2 = \left(\frac{U_m}{U_{oc}} - 1\right)\left[\ln\left(1 - \frac{I_m}{I_{sc}}\right)\right]^{-1} \tag{2.1.10}$$

式中,$a = 0.0025/℃$;$b = 0.5$;$c = 0.00288/℃$;S 为光伏电池接收的光照强度;S_{ref} 为标准光照强度(一般取 $1000W/m^2$);T 为光伏电池环境温度;T_{ref} 为标准外界温度(一般取 $25℃$);I_L 为负载工作电流;U 为光伏电池输出端电压;C_1、C_2 为简化运算的中间量。

3. 单相光伏并网发电最大功率点跟踪策略

光伏电池转换效率与其内部结构特性有关,且受外界环境影响大,从图 2.1.2 中 I-U、P-U 特性曲线可直观观察到,光伏发电仅在某一点输出的功率最大。因此,需要利用控制算法进行最大功率点跟踪控制,充分利用光伏新能源发电。光伏电池的控制,这里采用如图 2.1.4 所示单向 DC/DC 变换器进行控制,图中 u 为光伏电池输出电压;i 为光伏电池输出电流;U_m 为光伏电池最大功率跟踪点参考电压;u_{dc} 为直流母线电压。

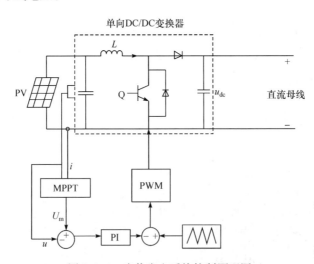

图 2.1.4　光伏发电系统控制原理图

最大功率点跟踪控制算法原理:启动光伏发电系统后,DC/DC 变换器以输出较小电压不断扰动、记录电压变化以及观测功率变化情况。由此,可确定寻优扰动方向,再决定下一步电压参考值的大小,控制变换器工作在最大功率点跟踪模式,最大化地利用光伏电池的能量。其控制流程如图 2.1.5 所示,图中 $u(k)$、$i(k)$ 和 $P(k)$ 分别为当前光伏电池输出电压、电流和功率,$u(k-1)$、$i(k-1)$ 和 $P(k-1)$ 分别为前一点光伏电池输出电压、电流、功率,U_{ref} 为参考电压,ΔU 为电压扰动常量。

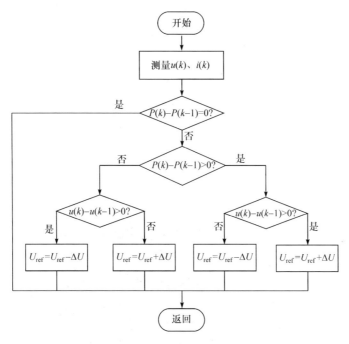

图 2.1.5 扰动观测法控制流程

4. 单相光伏并网发电最大功率点并网控制策略

单相光伏并网发电控制策略如图 2.1.6 所示,其中单相光伏并网变流器的 DC/DC 端采用 Boost 电路,控制策略为最大功率点控制。

单相光伏并网变流器的 DC/AC 端电流内环采用 PI 调节,PI 控制器表达式如下:

$$G(s) = k_p + \frac{k_i}{s} \tag{2.1.11}$$

由表达式可知 PI 控制器为线性控制器。比例环节能产生控制作用来减小偏差,当 k_p 值增加时,闭环系统的超调量加大,系统的响应速度也会加快,但 k_p 值不能无限增加,当超过某个特定值时,系统会出现不稳定的情况;PI 控制器中增加的积分环节主要用来减小静差,k_i 值表示积分作用的强弱,闭环系统的超调量随着 k_i

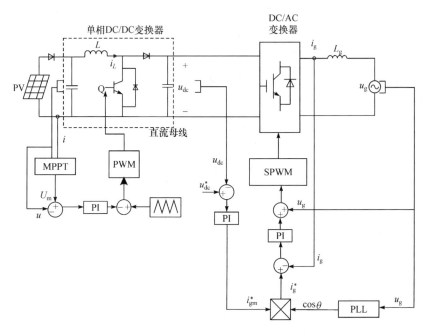

图 2.1.6　单相光伏并网发电控制策略

值的减小而减弱，响应速度也随之减慢。

　　从数学分析的角度来看，PI 控制器相当于在系统中增加了一个极点和一个零点，其中极点位于坐标轴的原点，并且是开环极点，使得系统的稳态性能得以改善；而零点位于坐标轴的左半平面，主要使系统的阻尼能够得到一定程度的提高。此外，电流 PI 调节也具有 P 调节改善系统幅频特性和稳态性能的优点，并且使开环传递函数的幅值、相角裕度得到比 P 调节更大程度的提高。

　　在单相并网变流器系统中，上述基于 P、PI 调节器的单相并网变流器的控制虽然控制方式简单、稳定可靠并且已被广泛应用于工业过程控制，但传统的 PI 控制仍然有些方面需要改进，其主要不足如下：

　　（1）电流环无法实现电流的无静差控制；

　　（2）当输出滤波器的电容较大时，系统可能会发生振荡；

　　（3）由于没有直接控制网侧电流，会降低网侧电流的品质；

　　（4）抗干扰能力不强。

　　为了克服上述不足，可加入电网电压前馈，但是它只能减小稳态误差，不能解决 PI 控制器开环增益受限的问题，而且变流器中存在的非线性因素和延时作用也会影响前馈控制的效果，总之，引入电网电压前馈存在一定的局限性。因此，可以采用基于比例谐振（PR）调节器的单相并网变流器控制策略来实现并网电流的无静差控制。

5. 单相光伏并网发电最大功率点跟踪仿真分析

图 2.1.7 为 2kW 单相双级式光伏并网发电系统 MATLAB 仿真模型。主电路由 DC/DC Boost 电路和 DC/AC 单相并网逆变电路组成。DC/AC 逆变电路主要完成稳定直流母线电压控制，DC/DC Boost 电路主要完成最大功率跟踪控制。

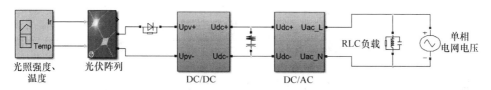

图 2.1.7　系统仿真模型

图 2.1.8 给出了恒定温度和光照强度变化曲线。其中，光伏电池的温度为 25℃（标准状况），光照强度在 0～0.8s 为 1000W/m²，0.8～1.4s 为 700W/m²，1.4～2s 为 920W/m²。光伏电池工作在最大功率点跟踪模式。图 2.1.9 为单相光伏变流器 0～2s 的仿真波形。0～0.2s 为预充电控制，0.2s 时开始 DC/AC 控制，使得直流母线电压稳定在 400V。0.35s 时 DC/DC 侧开始最大功率点跟踪控制，由图可见，交流电流缓慢上升，直到最大功率点电流不再上升。在 0.8s 时，光照强度由 1000W/m² 变为 700W/m²，电流开始下降，直到跟踪上最大功率点。在 1.4s 时，光照强度又变为 920W/m²，此时单相光伏变流器通过最大功率点跟踪控制又达到新的平衡。

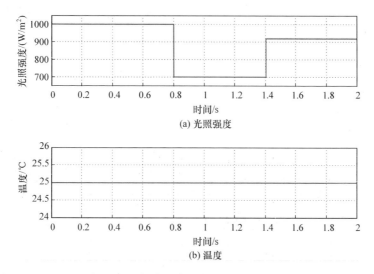

(a) 光照强度

(b) 温度

图 2.1.8　恒定温度和光照强度变化曲线

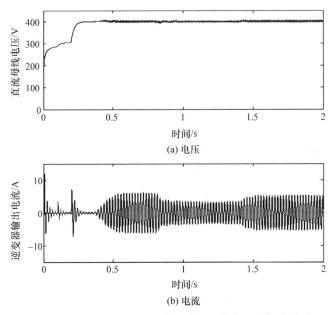

图 2.1.9　最大功率点跟踪模式单相光伏变流器仿真波形

【实验内容与步骤】

1. 实验内容

验证单相光伏并网发电最大功率点跟踪控制策略,观察最大功率点跟踪现象。

2. 实验准备

所需主要硬件:计算机、仿真器、单相光伏变流器(2kW)、光伏模拟电源、负载、示波器等。

所需软件:CCS 3.3、光伏模拟器上位机程序。

3. 实验步骤

(1) 检查单相光伏变流器连接。

(2) 电网与光伏变流器网侧连接。

(3) 光伏模拟器接单相光伏变流器电池侧。

(4) 为单相光伏变流器上控制电。

(5) 打开 CCS 3.3,并利用仿真器连接 DSP 控制板。

(6) 打开最大功率点跟踪光伏变流器程序,编译生成 .out 文件。

(7) 将生成的 .out 文件下载到 DSP 中。

（8）打开光伏模拟器上位机程序，并编辑运行光伏曲线。

（9）运行单相光伏变流器。

（10）观察上位机最大功率点跟踪状况。

（11）改变电阻阻值。

（12）观察示波器电压电流变化情况。

（13）记录上位机波形。

4. 实验波形

图 2.1.10 为单相光伏变流器并网运行曲线。首先控制变流器 DC/AC 侧，使直流母线电压稳定到 400V。其中，通道 CH1 为直流母线电压，CH2 为单相交流电压，CH3 为并网交流电流。

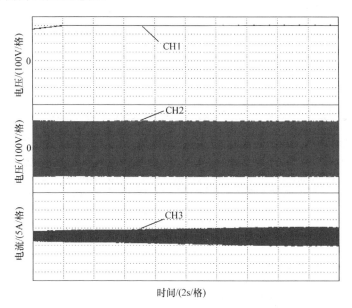

图 2.1.10　单相光伏变流器并网运行波形

图 2.1.11 为光伏模拟器光伏电池输出特性曲线以及最大功率点跟踪情况。图 2.1.11(a) 为光伏特性曲线不变时的最大功率点跟踪状态，图 2.1.11(b) 为光伏特性曲线突然变化后的最大功率点跟踪情况。图 2.1.12 为示波器检测最大功率跟踪过程电压、电流变化情况，可以看到随着时间的推移，电流缓慢上升，说明功率缓慢升高，直到最大功率点后电流不再上升；当光伏特性曲线变化后，电流迅速变化，直到到达新的平衡点后，电流不再变化。

图 2.1.13 为单相光伏变流器产生功率的变流器输出电压、电流波形。单相光伏变流器给电网送电 1500W。由交流侧电压通道 CH3 和电流通道 CH2 可知，变

流器在单位功率因数下并网,输出电流谐波含量小。通道 CH1 为直流母线电压,一直稳定在 400V。光伏模拟器上位机表明,在系统稳定运行情况下,功率跟踪到了最大功率点位置。

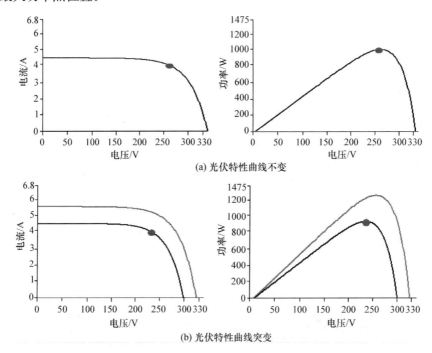

(a) 光伏特性曲线不变

(b) 光伏特性曲线突变

图 2.1.11　模拟器光伏电池输出特性曲线以及最大功率点跟踪情况

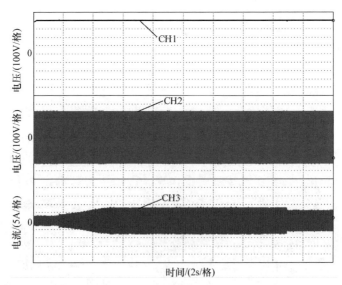

图 2.1.12　最大功率点跟踪过程电压、电流波形

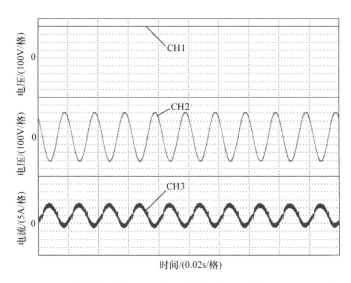

图 2.1.13　单相光伏变流器产生功率的变流器输出电压、电流波形

【思考问题】

（1）扰动法跟踪单相光伏最大功率点效果及优缺点是什么？

（2）在光伏稳定的情况下如何减小最大功率点波动？

实验 2.2　阴影遮挡光伏阵列最大功率点跟踪

【实验目的】

（1）了解光伏阵列阴影遮挡形成的原因。

（2）理解阴影遮挡情况下光伏阵列输出特性曲线。

（3）理解阴影遮挡情况下光伏阵列最大功率点跟踪方法。

【实验原理】

1. 阴影遮挡情况下光伏阵列输出特性曲线

1）阴影的分析

光伏阵列在发电的过程中，会遇到各种阴影遮挡现象，影响太阳能转换为电能的效率。在整个能量转换过程中，形成阴影的原因主要有：①建筑物、树木和电线杆的阴影以及鸟类排泄物的遮挡；②光伏电池的老化或者损坏，降低自身的发电效率；③当光伏阵列规模较大时，云块的移动遮挡。以上原因都可能改变光伏阵列特性曲线，影响光伏阵列的输出功率及发电效率。光伏阵列输出功率降低后，有可能不能满足用户用电需求，影响人们正常生活。因此，阴影遮挡下的光伏阵列输出特性对研究最大功率点和提高光伏发电效率意义重大。

对光伏阵列造成阴影的最主要因素就是阴云，造成阴影的云可以分成以下四种：

（1）低云。高度低于 7000ft（1ft＝0.3048m），由微小水滴组成，如层云、积云和帽状云。

（2）中云。高度为 7000～18000ft，由微小水滴和结晶冰组成，厚度较厚，如高层云和高积云。

（3）高云。高度在 18000ft 以上，最高可以达到 35000ft，由结晶冰组成，可透光而产生日晕、月晕现象，如卷层云、卷积云和卷云。

（4）直展云。例如，雨层云和雨积云。

2）阴影遮蔽时光伏阵列的输出特性曲线

光伏阵列工作时受阴影遮蔽的影响时，阴影情况如图 2.2.1 所示。

下面以两个串联光伏电池组成的电池串为例，列出此时的 I-U 方程：

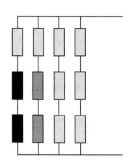

图 2.2.1　光伏阵列阴影情况

$$I=\begin{cases} I_{sc1}\left\{1-C_1\left[\exp\left(\dfrac{U/N_{s1}}{C_2U_{oc}}-1\right)\right]\right\}, & I_{sc2}\leqslant I\leqslant I_{sc1} \\ I_{sc2}\left\{1-C_1\left[\exp\left(\dfrac{U/N_{s2}}{C_2U_{oc}}-1\right)\right]\right\}, & 0\leqslant I\leqslant I_{sc2} \end{cases} \tag{2.2.1}$$

式中，N_{s1} 和 N_{s2} 分别为具有相同温度和光照强度条件的电池数量，因此在有阴影的情况下，光伏阵列的数学模型可以表示为

$$I=\sum_{x=1}^{N}I_x \tag{2.2.2}$$

$$U=\max\{U_x\} \tag{2.2.3}$$

　　光伏阵列处于阴影遮挡的情况时，阴影遮挡的面积不同对应有不同的输出特性曲线。图 2.2.2 给出了不同阴影遮挡下的光伏阵列特性曲线。

　　光伏阵列的输出特性曲线在存在阴影遮挡的情况下，将出现 N 个膝形的曲线，P-U 曲线将出现 N 个极值点；传统的最大功率点跟踪方法可能跟踪不到真正的最大功率点；传统的最大功率点跟踪控制能够找到图 2.2.2(a)和(b)的最大功率点，但是对于图 2.2.2(c)和(d)容易陷入局部最大功率点。

2. 阴影遮挡最大功率点并网控制策略

　　阴影遮挡下的单相光伏并网变流器 DC/AC 控制策略和上述单相光伏并网变流器 DC/AC 控制策略一样，主要目的是使直流母线电压保持不变。DC/DC 端采用 Boost 电路，控制策略为阴影遮挡下的最大功率点控制，主要寻找多峰情况下的最大功率点。

　　目前阴影遮挡下的最大功率点跟踪控制策略的研究较多，多峰最大功率点跟踪方法基本可以分为两类：一类基于代数算法实现多峰最大功率点跟踪，如负载线交点法、负载线对称法、斐波那契搜索法、P-U 曲线斜率法、功率增量法和导数定位法等；另一类基于智能算法实现多峰最大功率点跟踪，如神经网络算法、粒子群算法等。

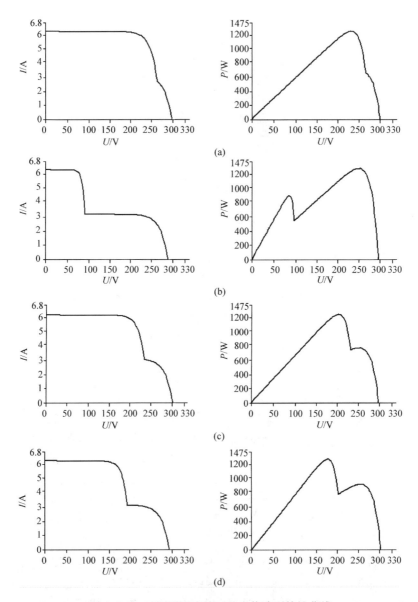

图 2.2.2　不同阴影遮挡下的光伏阵列特性曲线

　　不管是代数算法实现多峰最大功率点跟踪,还是智能算法实现最大功率点跟踪,其本质都是在光伏特性 P-U 曲线和 I-U 曲线上搜索该光伏电池模块发出的最大功率。为了直观地找到多峰情况下的最大功率点,这里采用全局搜索法,将 P-U 曲线上每个电压对应的功率点找到,并将其保存到一个一维数组中,通过寻找数组中的最大功率来确定该功率对应的光伏电池最大功率点的输出电压,然后控制该电压实现对光伏特性曲线最大功率点的确定。控制策略如图 2.2.3 所示。

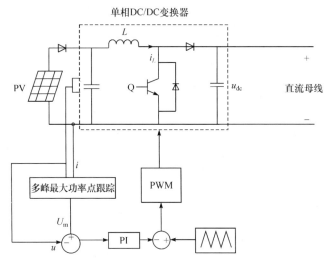

单相DC/DC变换器

图 2.2.3 多峰最大功率点跟踪控制策略

全局搜索多峰最大功率点跟踪控制策略有其约束条件,控制光伏电池输出侧电压必须在允许的电压范围内。如果电压太低,则 DC/DC Boost 电路不能正常工作。控制光伏电池的输出电压不能超过其开路电压,所以控制光伏电池的输出电压在最小工作电压和开路电压之间,如图 2.2.4 所示。将最大电压 U_{max} 到最小电压 U_{min} 平均分割成 N 份(在保证计算速率的前提下,N 越大越好),设参考值 $U_n = U_0,U_1,U_2,U_3,\cdots,U_N$。从 U_0 到 U_N 依次控制一遍,从而可以得到 $N+1$ 个功率

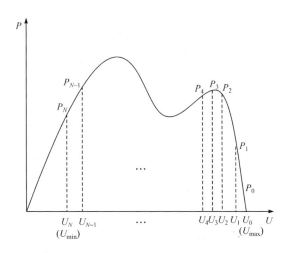

图 2.2.4 多峰光伏特性曲线指令电压选择

点,通过寻找 $N+1$ 个功率点中的最大功率点来确定相应的控制参考电压 U_m,如图 2.2.5 所示。

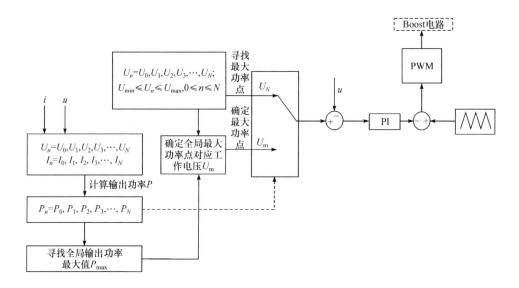

图 2.2.5　多峰最大功率点跟踪控制流程

【实验内容与步骤】

1. 实验内容

验证单相光伏发电多峰最大功率点跟踪控制策略,观察最大功率点跟踪现象。

2. 实验准备

所需主要硬件:计算机、仿真器、单相光伏变流器(2kW)、光伏模拟电源、负载、示波器等。

所需软件:CCS 3.3、光伏模拟器上位机程序。

3. 实验步骤

(1) 检查单相光伏变流器连接。

(2) 单相交流电接在光伏变流器交流侧。

(3) 光伏模拟器接单相光伏变流器 Boost 电路前端(电池端)。

(4) 为单相光伏变流器上控制电。

(5) 打开 CCS 3.3,并利用仿真器连接 DSP 控制板。

（6）打开多峰最大功率点跟踪光伏变流器程序，编译生成 .out 文件。

（7）将生成的 .out 文件下载到 DSP 中。

（8）打开光伏模拟器上位机程序，并编辑运行光伏曲线。

（9）运行单相光伏变流器。

（10）观察上位机最大功率点跟踪状况。

（11）观察示波器单相光伏变流器电气量变化情况。

（12）记录上位机波形。

4. 实验波形

图 2.2.6 为多峰情况下传统最大功率点跟踪情况，由图可知，该光伏特性曲线有 2 个波峰，传统的最大功率点跟踪控制陷入了局部最优，并没有找到实际的最大功率点。

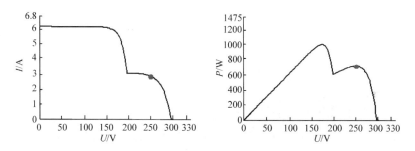

图 2.2.6　多峰情况下传统最大功率点跟踪情况

图 2.2.7 为多峰最大功率点跟踪情况，从图中可以看到，光伏特性曲线有 2 个波峰，多峰最大功率点跟踪控制找到了实际的最大功率点。图 2.2.8 为多峰最大功率点跟踪电流变化情况，其中图 2.2.8(a)是 40s 搜索到的最大功率点电流变化过程，图 2.2.8(b)是 4s 搜索到的最大功率点电流变化过程。

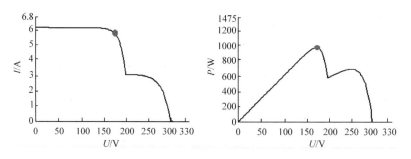

图 2.2.7　多峰最大功率点跟踪情况

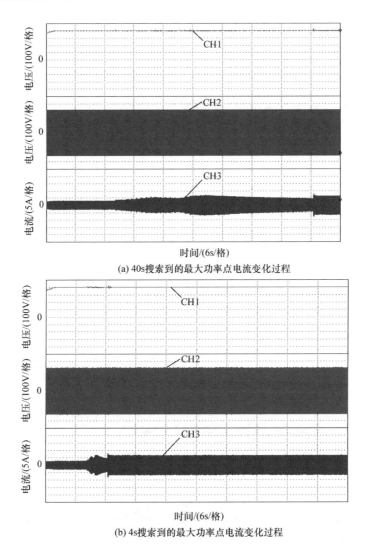

(a) 40s搜索到的最大功率点电流变化过程

(b) 4s搜索到的最大功率点电流变化过程

图 2.2.8　多峰最大功率点跟踪过程电压、电流变化情况

【思考问题】

　　(1) 扰动法跟踪单相光伏最大功率点效果及优缺点是什么?

　　(2) 在光伏稳定的情况下如何减小最大功率点波动?

实验 2.3　单相光伏发电孤岛检测

【实验目的】

(1) 了解孤岛效应产生的原因及影响。

(2) 理解孤岛检测原理与实验方法。

【实验原理】

1. 孤岛效应

孤岛效应是指当公共电网由于电气故障、误操作等导致停电时，光伏系统未能及时检测到电网异常而继续向外发电，致使变流器及其周围用电设备形成自给供电的孤岛系统，如图 2.3.1 所示。光伏并网系统在并网运行时，造成的主要危害有：

(1) 并网系统的电压和频率失去控制，波动较大，损害用电设备。

(2) 孤岛效应使维修人员误以为系统已经断电，而造成电击等威胁人身安全。

(3) 若突然恢复市电，对并网系统产生很大的冲击电流，导致电网易跳闸。

因此，孤岛检测和保护是光伏发电系统安全运行中的关键问题。

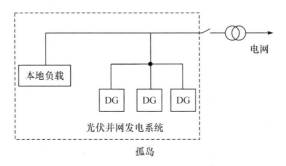

图 2.3.1　光伏并网发电系统的孤岛效应

2. 孤岛特性研究

光伏并网发电系统在稳定运行时，并网变流器跟踪并网电流，电网电压钳制变流器的输出电压。孤岛检测只是针对逆变电源的输出特性，所以可以将逆变电源等效成一个幅值固定的受控电流源，其频率、相位跟踪电网。孤岛检测技术研究的目的是：在任何负载情况下都能检测到孤岛状态，若系统负载采用一种复杂的 RLC 形式，则图 2.3.2 是其孤岛效应的等效模型。

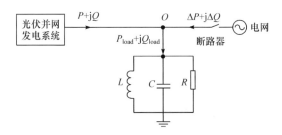

图 2.3.2　孤岛效应等效模型

在图 2.3.2 中,当断路器闭合,电网正常工作时,并网变流器发出功率因数为 1 的正弦电流并网稳定运行,在 O 点有功率平衡关系式:

$$\begin{cases} P_{\text{load}} = P + \Delta P \\ Q_{\text{load}} = Q + \Delta Q \end{cases} \tag{2.3.1}$$

式中,P、Q 分别为并网变流器向负载提供的有功功率、无功功率;ΔP、ΔQ 分别为电网提供给负载的有功功率、无功功率;P_{load}、Q_{load} 分别为负载所需的有功功率、无功功率。

当断路器突然断开,即电网断电时,如果负载功率与变流器发出的功率不匹配,此时并网变流器发出的电压和频率将发生很大的变化,孤岛效应很容易被检测;如果负载所需的功率与变流器发出的功率相匹配,则并网变流器系统的电压和频率基本不变,此时孤岛效应不易被检测,光伏并网发电系统无法及时检测出停电状态,而且与相连的负载形成了一个自给供电的孤岛系统。

综上分析可得,光伏变流器并网运行时提供的有功功率和无功功率与负载相匹配是孤岛发生的必要条件,同时应满足

$$\phi_{\text{load}} + \theta_{\text{d}} = 0 \tag{2.3.2}$$

式中,ϕ_{load} 为负载阻抗角;θ_{d} 为电网电压滞后变流器输出电流的相位角。

3. 孤岛检测方法

图 2.3.3 中归纳出当前研究孤岛检测的主要方法,光伏变流器并网运行时,需要识别电网的实时状态,进行孤岛检测。传统的孤岛检测方法为被动式,即通过对频率、幅值、相位进行孤岛检测,被动式孤岛检测方法实现简单,但存在很大的盲区。主动式孤岛检测方法可以实现无盲区检测,有自动相位偏移法、主动频率偏移法、滑模频率偏移法、正反馈频率偏移法和输出有功/无功扰动法等。

4. 孤岛检测相关标准

孤岛检测已被光伏、风力发电等新能源并网系统所应用,国内外都制定了相关标准,主要的标准有:IEEE Std 929-2000、IEEE Std 1547-2003、UL 1741、NEC-

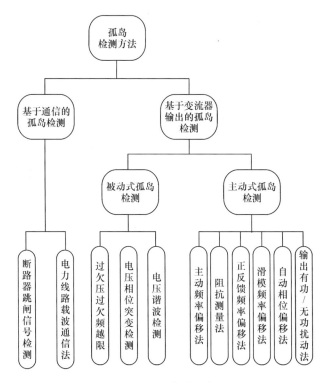

图 2.3.3 孤岛检测方法

2002《美国国家电气设计规范》、我国国家标准 GB/T 19939—2005《光伏系统并网技术要求》等。各国所制定标准内容类似,我国的标准电网电压频率为 50Hz,表2.3.1 中给出了标准限值孤岛检测的最大时间限值。

表 2.3.1 孤岛检测标准允许限制

断开电网后电压值	断开电网后电压频率	检测最大允许时间
$0.5U_N$	f_N	6×工频周期
$0.5U_N < U < 0.88U_N$	f_N	2s
$0.88U_N \leqslant U \leqslant 1.1U_N$	f_N	2s
$1.1U_N < U < 1.37U_N$	f_N	2s
$1.37U_N \leqslant U$	f_N	2×工频周期
U_N	$f < f_N - 0.7Hz$	6×工频周期
U_N	$f > f_N + 0.5Hz$	6×工频周期

表 2.3.1 中,U 为电网电压幅度值;f 为电网电压频率值;U_N 为电网电压幅度值的额定值,我国标准为交流单相 220V;f_N 为电网电压频率的额定值,美国等国

家标准为 60Hz，我国为 50Hz，对应于工频周期即额定周期 0.02s。

5. 孤岛检测盲区分析

传统的被动式孤岛检测流程如图 2.3.4 所示，通过检测公共耦合点（PCC）电压，计算断开大电网后的电压幅度值与频率值变化，当其中有一项超过预先设置的阈值时，就能够检测出变流器已脱离大电网，进入孤岛状态，但被动式孤岛检测方法可能存在检测盲区。

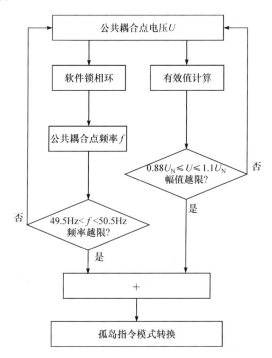

图 2.3.4　传统的被动式孤岛检测流程

当变流器处于并网工况运行时，可以根据公共耦合点电压、变流器输出有功功率、无功功率、负载消耗功率等得到：

$$P_{\text{load}} = P + \Delta P, \quad Q_{\text{load}} = Q + \Delta Q \tag{2.3.3}$$

$$P_{\text{load}} = U_{\text{PCC}}^2 / R \tag{2.3.4}$$

$$Q_{\text{load}} = U_{\text{PCC}}^2 \left(\frac{1}{\omega L} - \omega C \right) \tag{2.3.5}$$

式中，U_{PCC} 为公共耦合点电压；P、Q 为变流器有功功率、无功功率；P_{load}、Q_{load} 为负载消耗的有功功率、无功功率。

可以进一步得到：

$$\omega=\frac{1}{\sqrt{LC}}\left(1-\frac{1}{2}\frac{Q_{\text{load}}}{P_{\text{load}}Q_{\text{f}}}\right) \tag{2.3.6}$$

式中, $Q_{\text{f}}=R\sqrt{\dfrac{C}{L}}$ 为负载的品质因数。

由此,当出现非计划孤岛情况时,电网侧公共耦合点处已断开,但变流器输出功率并不会立即变化。由式(2.3.3)~式(2.3.6)可知, U_{PCC} 的变化与有功功率变化相关,频率 ω 的变化与有功功率和无功功率相关,具体可分情况讨论。

情况 1:当变流器无功功率不变、有功功率变化时,公共耦合点的电压发生变化,根据式(2.3.6)可知频率相应变化关系如下:

$$\begin{aligned}\Delta P>0 &\rightarrow P_{\text{load}}\downarrow \rightarrow U_{\text{PCC}}\downarrow \rightarrow \omega\downarrow\\ \Delta P<0 &\rightarrow P_{\text{load}}\uparrow \rightarrow U_{\text{PCC}}\uparrow \rightarrow \omega\uparrow\end{aligned} \tag{2.3.7}$$

情况 2:当变流器有功功率不变、无功功率变化时,公共耦合点的电压就不会变化,根据式(2.3.6)可知频率相应变化关系如下:

$$\begin{aligned}\Delta Q>0 &\rightarrow Q_{\text{load}}\downarrow \rightarrow \omega\downarrow\\ \Delta Q<0 &\rightarrow Q_{\text{load}}\uparrow \rightarrow \omega\uparrow\end{aligned} \tag{2.3.8}$$

情况 3:当变流器有功功率、无功功率均变化时,要依据各自变化幅度情况进行分析。

根据上述变化关系,可实现主动与被动的孤岛检测。光伏变流器并网时进行单位功率因数控制,当变流器输出有功功率与负载有功功率不匹配时,负载端电压将发生变化,当输出的无功功率和负载无功功率不匹配时,电压频率会急剧变化。不匹配程度超过一定界限,负载电压/频率会超过公共耦合点的过/欠压、过/欠频保护范围,孤岛检测就能起到作用,并使单相光伏变流器脱离电网。

【实验内容与步骤】

1. 实验内容

验证单相光伏发电被动式孤岛检测控制策略。

2. 实验准备

所需主要硬件:计算机、仿真器、单相光伏变流器、光伏模拟电源、电网模拟器、示波器等。

所需软件:CCS 3.3、光伏模拟器上位机程序。

3. 实验步骤

(1) 检查单相光伏并网变流器连接。

（2）光伏并网变流器连接电网。

（3）光伏模拟器连接单相光伏变流器直流侧。

（4）为单相光伏变流器上控制电。

（5）打开 CCS 3.3，并利用仿真器连接 DSP 控制板。

（6）打开单相光伏发电孤岛检测程序，编译生成 .out 文件。

（7）将生成的 .out 文件下载到 DSP 中。

（8）打开光伏模拟器上位机程序，并编辑运行光伏曲线。

（9）运行单相光伏变流器。

（10）断开并网开关，使变流器处于孤岛状态。

（11）观察示波器电压和电流变化情况。

（12）记录上位机波形。

4. 实验波形

当检测到光伏变流器与电网断开连接后，光伏变流器检测到孤岛状态并且立即停止变流器工作。图 2.3.5 为孤岛出现后变流器直流母线电压和交流电流变化情况。其中，通道 CH1 是直流母线电压，CH2 是电网电压，CH3 是单相光伏变流器输出电流。当孤岛产生后，交流电流立即消失，直流母线电压缓慢下降。

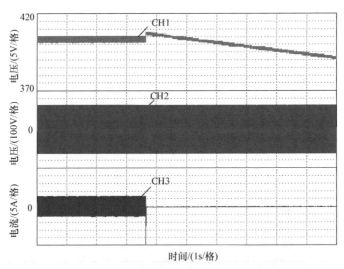

图 2.3.5　孤岛出现后变流器直流母线电压和交流电流变化

【思考问题】

（1）单相光伏发电孤岛检测主动式检测和被动式检测有什么区别？

（2）主动式孤岛检测方法有哪些？各自优缺点是什么？

第3章 三相光伏并网发电技术实验

本章主要介绍三相光伏并网发电技术实验,包括三相光伏并网发电最大功率点跟踪实验、三相光伏并网发电限功率控制策略实验、三相光伏并网发电孤岛检测实验和三相光伏并网发电低电压穿越实验。

实验 3.1 三相光伏并网发电最大功率点跟踪

【实验目的】

(1)了解最大功率点跟踪控制的重要性。

(2)了解最大功率点跟踪控制策略在三相光伏并网发电中的应用。

(3)理解三相光伏并网发电控制原理。

【实验原理】

1. 单级式光伏并网发电系统

单级式光伏并网发电系统结构示意图如图 3.1.1 所示,其由光伏电池阵列产生的直流电直接经过三相变流器逆变成交流电送入交流母线。由于三相电压型变流器有降压的效果,所以光伏电池直流侧电压必须高于交流侧电压的峰值,这就需要多个光伏电池通过串并联方式来提高直流侧的电压和功率等级。

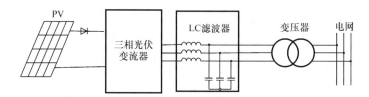

图 3.1.1 单级式光伏并网发电系统结构示意图

单级式光伏并网发电系统相对于双级式光伏并网发电系统省去了一个 DC/DC 环节,系统拓扑结构比较简单,所需元器件少,体积小,并且效率比双级式光伏并网发电系统高。但由于单级式光伏并网发电系统的变流器只有一级功率变换装置,需要在 DC/AC 变流器中实现最大功率点跟踪控制、并网电压控制和并网电流控制,其控制结构比较复杂。单级式光伏并网发电系统的变流器控制结构有双环控制结构和三环控制结构。双环控制结构外环为最大功率点跟踪控制单元,输出并网电流的参考值,内环为并网电流控制环,通过增加或减小并网电流来调节光伏电池的输出功率,从而进行最大功率点跟踪。三环控制结构比双环控制结构增加了对直流母线电压的控制,能够避免直流母线电压崩溃的现象,具有更高的可靠性。本实验采用三环控制结构。

2. 常用最大功率点跟踪方法的原理及特点

在光伏并网控制系统中,可以将光伏电池视为一个内阻不稳定的直流电源,为了提高系统的整体效率,可以通过调节系统的参数,实时监测光伏电池的输出功率,再选用合适的控制策略,使负载阻抗与太阳能电池阻抗相等,进而使光伏电池板输出最大功率。因此,最大功率点跟踪效率在光伏并网发电系统中至关重要,选择合适的控制算法来实现最大功率点跟踪技术也是三相光伏并网变流器研究的一个关键技术。至今为止,国内外学者提出的最大功率点跟踪算法主要有短路电流比例系数法、插值计算法、定电压跟踪法、增量电导法、扰动观测法、模糊逻辑法等。

1) 短路电流比例系数法

由实验 2.1 对光伏电池输出特性分析可知,在环境温度不变、光照强度大于某个数值时,系统所运行的最大功率点处的电流 I_m 与光伏电池的短路电流 I_{sc} 近似呈线性关系,即

$$I_m = K_2 I_{sc} \tag{3.1.1}$$

式中,K_2 为恒定值,一般取 0.8 左右。

在实际应用中,可以设计一个最大功率点跟踪器,对光伏电池实行周期性的短路测试,然后根据式(3.1.1)进行相关计算,进而实现最大功率点跟踪控制。该方法属于开环式的算法,比较容易实现。但光伏电池的实际工作点只是近似在最大功率点处,而没有真正工作在最大功率点处,所以效率低,很多情况下,需要结合其他最大功率点跟踪控制算法使用,以提高效率,保证精确性。

2) 插值计算法

在光伏并网发电系统中,通常光伏电池输出电压的大小与电力电子器件开关管占空比 D 有关,因此可以将 $P\text{-}U$ 曲线等同于 $P\text{-}D$ 特性曲线。插值计算法的原理是:用拉格朗日插值法表示实际工作点的方法,用占空比作为变量拟合曲线,这样就形成光伏电池的 $P\text{-}D$ 曲线。在某点占空比处,如果该点输出的实际功率与拟合曲线输出功率的差值在所允许的误差范围内,那么该点就是最大功率点。

3) 定电压跟踪法

早期对光伏电池输出功率跟踪控制主要是利用定电压跟踪(constant voltage tracking,CVT)技术。图 3.1.2 为硅光伏电池的伏安特性曲线。

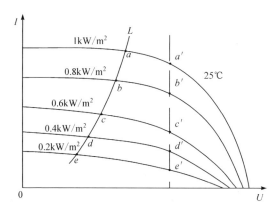

图 3.1.2　硅光伏电池伏安特性曲线

　　在图 3.1.2 中，L 是负载特性曲线，当温度保持不变时，在不同的光照强度下与伏安特性曲线的交点 a、b、c、d、e 对应于不同的工作点。人们发现，光伏电池可以提供的最大功率点（如 a'、b'、c'、d'、e' 点）几乎都落在一根垂直于横轴的两侧，这就可以用 $U=$const 近似表示最大功率点轨迹，也就是可以通过保持光伏电池的输出电压为一个常数，来近似该环境条件下光伏电池输出的最大功率点，因此最大功率点跟踪器的原理可近似简化成稳压器。事实上，这种方法是一种近似的最大功率法。

　　定电压跟踪控制方式具有控制简单、稳定性好、可靠性高、易于实现等优点，但该跟踪方式忽略了环境温度对光伏电池开路电压的影响。以单晶硅电池为例，环境温度每升高 10℃，其开路电压的下降率为 0.35%～0.45%。显然，光伏电池最大功率点对应的电压 U_m 也随环境温度的变化而变化。对于四季温差或日温差较大的地区，定电压跟踪控制方式并不能在所有的温度环境下都能跟踪到最大功率。

　　4）增量电导法

　　增量电导（incremental conductance，IncCond）法能够判断出工作点处的电压与最大功率点电压的大小（位置）关系。在功率 $P=UI$ 的两端同时对 U 进行求导，并将 I 作为 U 的函数，实际是通过 P-U 特性曲线的斜率来判断到达最大功率点所要前进的方向。因此，可得 $dP/dU=d(IU)/dU=I+UdI/dU$，且当 $(dP/dU)>0$ 时，U 在最大功率点的左侧；当 $(dP/dU)<0$ 时，U 在最大功率点的右侧；当 $(dP/dU)=0$ 时，U 在最大功率点处。因此，可以通过判断 $I/U+(dI/dU)$ 即 $G+dG$（G 为电导）的符号来判断光伏电池是否到达最大功率点。

　　增量电导法的优点是：当外界条件发生突变，如光照强度发生突变时，增量电导法可以使光伏电池的输出端电压平稳迅速地跟踪其变化，从而使其工作在最大功率点处。事实上，增量电导法和扰动观测法依据的原理是一样的，不同之处在于测量参数和逻辑判断方式不同。虽然增量电导法同样是通过改变光伏电池的输出电压来追踪最大功率点,但是避免了在最大功率点附近振荡的现象,使其能更好地适应光照强度和温度迅速变化的气候环境。但是从实现的角度,这种控制方法相对复杂,而且需要权衡检测精度和速度以及跟踪精度和速度的关系,因此增量电导法步长的选取也非常值得研究。

3. 改进型扰动观测法

扰动观测(perturbation and observation,P&O)法,也称为爬山(hill climbing,HC)法。其工作原理是:对当前光伏电池输出的功率进行采样,在原输出电压的基础上增加一个小的电压扰动量,根据光伏电池的输出特性可知,此时输出的功率会发生变化,对此时的功率进行采样,与扰动前的功率进行比较,即可判断出工作点应变化的方向。若功率增大,则继续使用原扰动;若功率减小,则与原扰动方向相反。图 3.1.3 是扰动观测法的跟踪过程示意图。

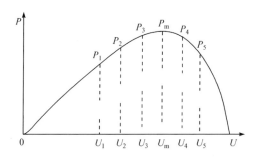

图 3.1.3　扰动观测法的跟踪过程示意图

设工作点在 U_1 处开始工作,采样光伏电池的功率 P_1,若使工作点移到 $U_2 = U_1 + \Delta U$,采样光伏电池的功率 P_2,比较记忆功率 P_1 与功率 P_2。若 $P_2 > P_1$,则说明扰动量 ΔU 是使输出功率增大的方向,工作点在最大功率 P_m 的左侧,若想到达最大功率 P_m,则需要按原扰动方向继续增大电压,使工作点继续向右侧移动。如果工作点越过 P_m 到达 U_4,此时若继续增加电压,则工作点将到达 U_5,比较功率值得 $P_5 < P_4$,说明此时工作点已经在 P_m 右侧,则需要改变扰动量 ΔU 的符号,再比较记忆功率 P_1 与功率 P_2 的大小,以此类推,直至到达 P_m。

扰动观测法的优点是:模块化控制回路,测量参数少、结构简单、易实现,因此在光伏系统中得到广泛应用。

扰动观测法的缺点是:在到达 P_m 附近后,会存在左右振荡的现象,造成能量浪费,尤其在光照强度和温度等条件变化缓慢时,能量浪费情况更为严重。因为当外界条件变化缓慢时,光伏电池的输出特性变化很小,而此方法仍然会继续左右扰动,不能稳定在 P_m 处造成能量浪费。虽然可以通过缩小扰动步长降低在 P_m 点处的振荡幅度来减少能量浪费,但当温度或光照强度有大幅变化时,此时跟踪到另一个 P_m 的速度会变慢,能量浪费量增加。因此,这种方法无法兼顾跟踪步长、跟踪精度和响应速度,有时甚至会出现"误判"的现象。

　　本实验采用改进型扰动观测法,即同时结合增量电导法的思想。根据光伏电池的 P-U 特性曲线可知,在最大功率点的左侧 $|dP/dU|$ 明显小于最大功率点右侧的 $|dP/dU|$,因此可应用不等步长的扰动观察法,在最大功率点左侧也就是当判断到 ΔU 为正值时(向电压增大的方向运行时),步长为 ΔU_1,反之步长为 ΔU_2,而且 $\Delta U_1 > \Delta U_2$。图 3.1.4 为改进型扰动观测法的控制框图,该方法既可以快速跟踪到最大功率点,又可以降低在最大功率点的振荡幅度,进一步提高效率,因此能一定程度上克服常规扰动观测法的不足,兼顾跟踪步长和响应速度。

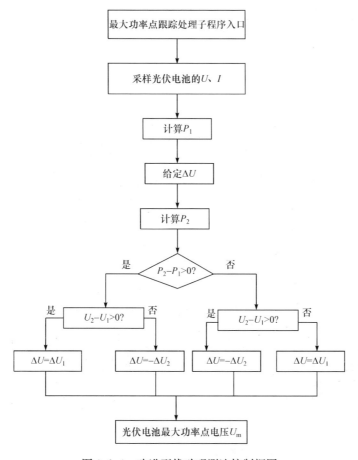

图 3.1.4　改进型扰动观测法控制框图

4. 三相光伏 DC/AC 变流器的控制策略

　　DC/AC 变流器的主要功能是使直流母线电压跟踪最大功率点电压,降低并网电流波形谐波含量,控制功率因数为 1。本实验采用空间矢量脉宽调制(SVPWM)并网控制策略,外环控制直流母线电压,使直流母线电压跟踪最大功率点电压,从而使光伏阵列工作在最大功率点处;内环控制变流器输出电流,使网侧电流能够与电网电压同相位。该控制方式可以实现对电网高性能控制,并且对系统参数依赖较小,稳定性好。

　　DC/AC 变流器的具体控制策略如图 3.1.5 所示,将采样得到的三相电网电压 U_{abc} 信号通过软件锁相环控制后计算出电网电压的相位角 θ。根据计算得到的 θ 对并网电流 i_{abc} 进行 dq 变换,解耦成 dq 坐标下的 i_d、i_q(i_d 表示有功分量,i_q 表示无功分量),为了实现功率因数为 1,将无功电流的给定值 i_q^* 设定为 0。直流母线电压 U_{dc} 的参考值 U_{ref} 由最大功率点跟踪控制算法决定,两者比较后的差值经过 PI 调节之后作为有功电流 i_d^* 的参考值。Δi_d 与 Δi_q 分别经过 PI 调节作为 u_d^* 与 u_q^* 的参考值,最后通过 SVPWM 控制策略发出 PWM 波,控制开关管的通断,从而实现逆变功能。

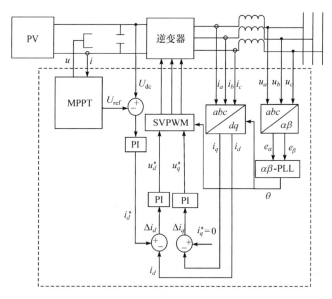

图 3.1.5　DC/AC 变流器控制框图

5. 三相光伏并网发电最大功率点跟踪仿真分析

　　本实验搭建了 10kW 三相单级式光伏并网发电系统 MATLAB 仿真模型,

图 3.1.6 给出了系统总体的仿真模型。该模型主要由光伏阵列、变流器系统和电网组成。光伏阵列开路电压为 350~650V；变流器系统包括三相并网变流器和 LC 滤波电路，其中 $L=0.25\text{mH}$，$C=12\mu\text{F}$；电网线电压为 160V，频率为 50Hz。图 3.1.7 为光伏阵列的 P-U、I-U 特性曲线。

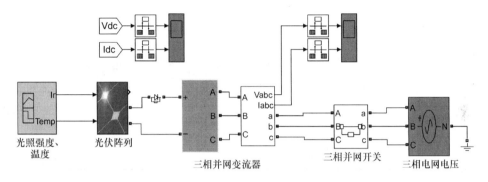

图 3.1.6　三相光伏并网发电系统仿真模型

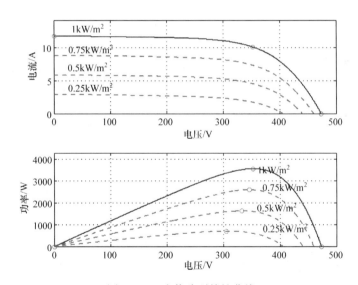

图 3.1.7　光伏阵列特性曲线

图 3.1.8 给出了恒定光照强度和温度曲线。其中，光伏电池的温度为 25℃（标准状况），光照强度在 0~2s 为 1000W/m²。光伏电池工作在最大功率点跟踪模式。图 3.1.9 为恒定光照强度和温度条件下光伏阵列电压、电流变化过程，图 3.1.10 为恒定光照强度和温度条件下变流器输出电压、电流变化过程。由图 3.1.9 可知，0.2s 时变流器追踪到最大功率点，此时光伏阵列输出电压为 350V，输出电流为 10A，与图 3.1.7 中光伏阵列特性曲线在光照强度为 1000W/m² 的最大

功率点情况相符。由图 3.1.10 变流器输出电流可知,在最大功率点跟踪控制下 0~0.2s 电流变化过程为最大功率点搜索过程,当找到最大功率点后,电流幅值保持不变。

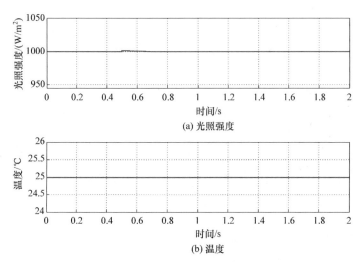

图 3.1.8　恒定光照强度和温度曲线

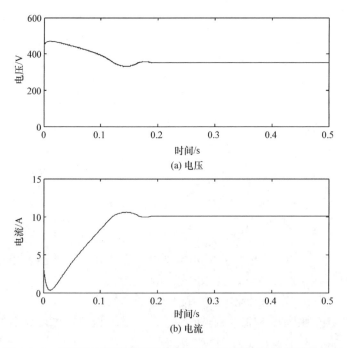

图 3.1.9　恒定光照强度和温度条件下光伏阵列电压、电流变化过程

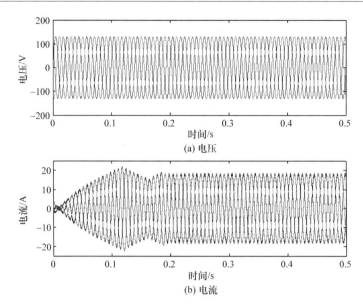

图 3.1.10　恒定光照强度和温度条件下变流器输出电压、电流变化过程

　　图 3.1.11 给出了光照强度变化、恒定温度曲线。其中,光伏电池的温度为 25℃(标准状况),光照强度在 0～0.8s 为 1000W/m^2,0.8～1.4s 为 500W/m^2, 1.4～2s 为 750W/m^2。光伏电池工作在最大功率点跟踪模式。图 3.1.12 为光照强度变化、恒定温度条件下光伏阵列电压、电流变化过程,图 3.1.13 为光照强度变化、恒定温度条件下变流器输出电压、电流变化过程。由图 3.1.12 和图 3.1.13 可知,在 0～0.8s 内光照强度为 1000W/m^2,0.2s 时追踪到最大功率点;在 0.8s 处光

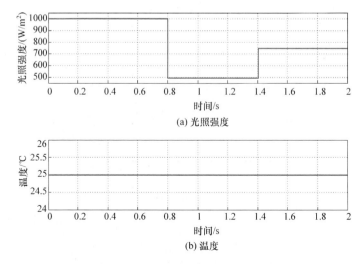

图 3.1.11　光照强度变化、恒定温度曲线

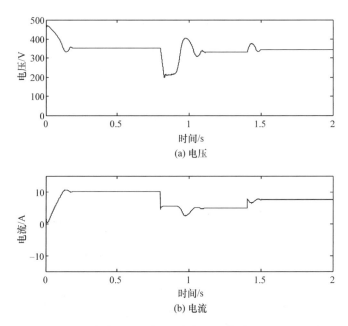

图 3.1.12　光照强度变化、恒定温度条件下光伏阵列电压、电流变化过程

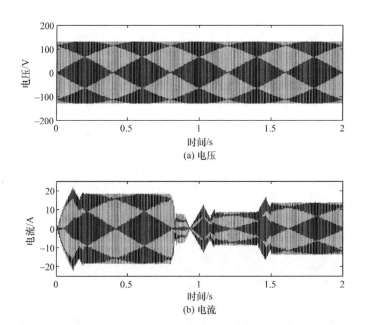

图 3.1.13　光照强度变化、恒定温度条件下变流器输出电压、电流变化过程

照强度突然变为 $500\mathrm{W/m^2}$，此时需要重新搜索新的最大功率点，1.1s 时搜索到新的最大功率点；在 1.4s 处光照强度又突然变为 $750\mathrm{W/m^2}$，在 1.6s 处又找到了新的最大功率点。

【实验内容与步骤】

1. 实验内容

观察分析光伏发电特性，验证变流器最大功率点跟踪控制策略。

2. 实验准备

所需主要硬件：计算机、DSP 仿真器、三相光伏变流器、光伏模拟器、示波器等。

所需软件：CCS 3.3、LabVIEW、光伏模拟器软件。

3. 实验步骤

(1) 检查光伏变流器直流侧接光伏模拟器，交流侧通过变压器与电网连接。

(2) 检查控制板和驱动板线路连接。

(3) 控制 D/A 输出端接示波器。

(4) 为控制板上电。

(5) 打开 CCS 3.3，并利用仿真器连接 DSP 控制板。

(6) 打开电量测量程序，编译连接生成 .out 文件。

(7) 将生成的 .out 文件下载到 DSP 中，并且运行三相光伏并网最大功率点跟踪程序。

(8) 在 CCS 3.3 中实时观测采集数据。

(9) 利用示波器观察变流器电气量。

(10) 利用光伏模拟器上位机观察曲线变换情况。

(11) 利用光伏变流器上位机观察变流器各个参数变换。

(12) 记录波形。

4. 实验波形

由图 3.1.14 可以看出，网侧电流波形正弦性较好，说明光伏并网发电系统控制效果良好。图 3.1.15 为光伏变流器监控上位机工作初始状态，直流母线上电完成。

实验控制方式为最大功率点跟踪控制。光伏变流器上位机监控界面如图 3.1.16 所示，可以看出当满足并网条件后，变流器运行。功率逐渐攀升，直至稳定到最大功率点。光伏模拟器上位机监控界面如图 3.1.17 所示,在光伏模拟器上位机中可以改变光照强度,修改光伏电池特性,观察变流器跟踪最大功率点情况。光伏变流器上位机监控界面与光伏模拟器上位机监控界面分别如图 3.1.18 和图 3.1.19 所示,可以看出,改变光照强度后,光伏变流器依旧按照最大功率点运行。

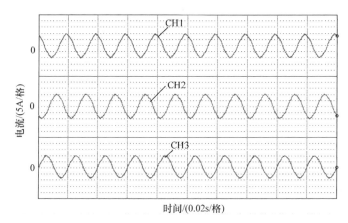

图 3.1.14 光伏变流器输出电流波形

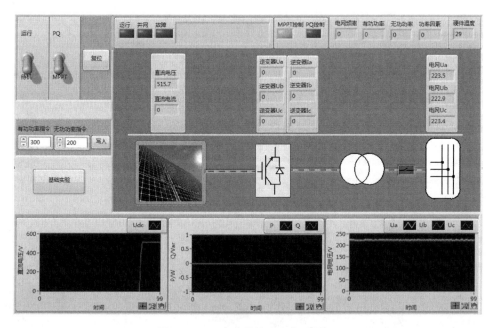

图 3.1.15 直流母线上电完成界面

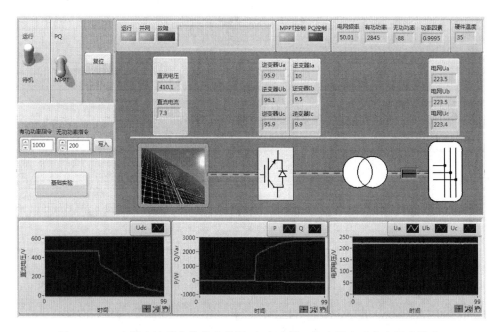

图 3.1.16　光伏变流器上位机监控界面(变流器工作在最大功率点跟踪模式)

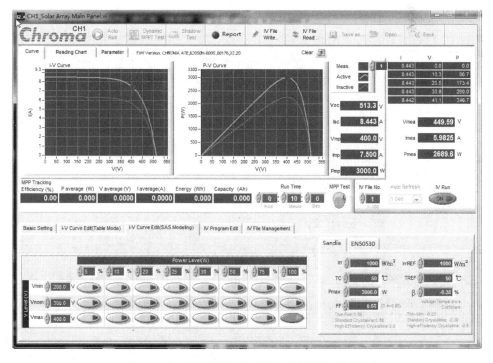

图 3.1.17　光伏特性曲线最大功率点跟踪情况

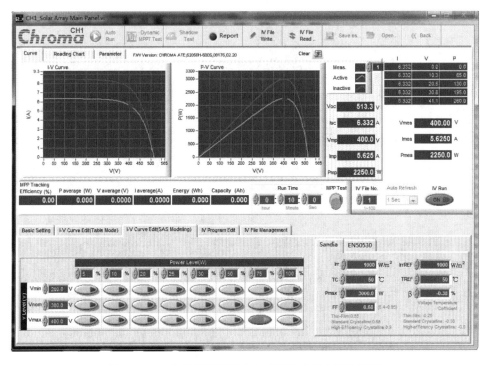

图 3.1.18　光伏特性曲线变化后最大功率点跟踪情况

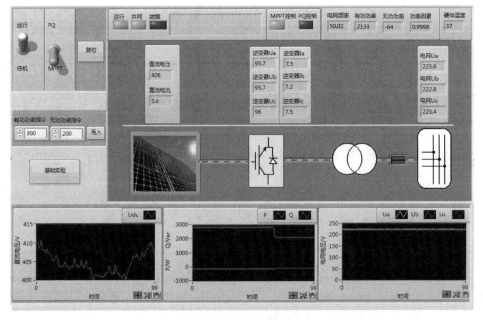

图 3.1.19　光伏特性曲线变化后光伏变流器上位机功率变换情况

【思考问题】

(1) 最大功率点跟踪控制算法有哪些? 各自的优缺点是什么?

(2) 如果光照强度发生剧烈变化,会对并网逆变产生哪些影响?

实验 3.2　三相光伏并网发电限功率控制策略

【实验目的】

(1) 了解并网定功率控制策略的重要性。

(2) 理解限功率控制原理。

(3) 掌握光伏并网发电限功率控制方法。

【实验原理】

　　光伏变流器可以工作在最大功率点追踪模式，也可以限定功率并网。通常情况下，光伏并网发电系统为电网提供光伏电池的最大功率点功率，当所提供的功率超出电网所接受的功率时，光伏变流器就要限定功率大小，不能以最大功率点功率输出，从而就需要通过限功率控制策略为光伏变流器提供一定的指令功率。这样可以在微电网并网运行时起到功率调度作用。

　　1. 限功率控制策略

　　光伏并网发电限功率控制结构如图 3.2.1 所示。光伏电池通过三相电压型变流器与交流母线相连，为电网提供功率。本实验采用限功率 P/Q 控制策略。变流器交流侧电容电压、电感电流经过 Park 变换，与有功功率、无功功率参考值一并送

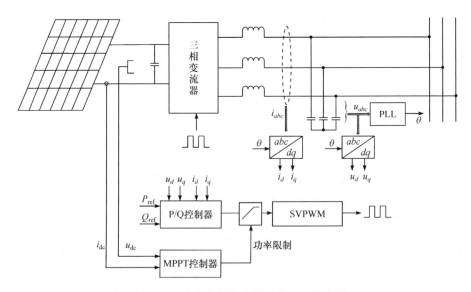

图 3.2.1　光伏并网发电限功率控制结构图

入限功率 P/Q 控制器中,得到变流器调制电压值,经过 SVPWM 计算得到 PWM 波。变流器有功功率的控制通过跟踪上层控制器下达的指令值;在单位功率因数运行模式时,无功功率指令值通常设为零,在需要进行无功功率补偿的场合,根据需要设定无功功率的参考值。

2. P/Q 控制方法

在光伏变流器限功率运行时,采用 P/Q 控制,设置无功指令值为 0。变流器的输出有功功率始终等于给定值。被测点的有功功率和无功功率在同步旋转 dq 坐标系下通过瞬时功率公式计算,其中 d 轴方向和网侧电压空间矢量方向一致,因此 d 轴为有功功率轴,q 轴超前 d 轴 $90°$,为无功功率轴。u_d、u_q 为输出电压 d 轴和 q 轴分量,i_d、i_q 分别为并网电流有功电流和无功电流分量。当网侧电压为标准对称三相正弦波时,$u_q=0$,所以功率控制的实质是并网电流 i_d、i_q 的电流内环控制。

$$P=\frac{3}{2}u_d i_d+\frac{3}{2}u_q i_q \tag{3.2.1}$$

$$Q=-\frac{3}{2}u_d i_q+\frac{3}{2}u_q i_d \tag{3.2.2}$$

当功率给定值为 P_{ref}、Q_{ref} 时,可以得到 dq 坐标系下的电流给定值 i_d^*、i_q^* 分别为

$$i_d^*=\frac{2(P_{ref}u_d-Q_{ref}u_q)}{3(u_d^2+u_q^2)} \tag{3.2.3}$$

$$i_q^*=\frac{2(P_{ref}u_q-Q_{ref}u_d)}{3(u_d^2+u_q^2)} \tag{3.2.4}$$

将输出电压 d 轴分量定向于电网电压空间矢量方向,则有 $u_q=0$,且 $Q_{ref}=0$,则

$$i_d^*=\frac{2P_{ref}}{3u_d} \tag{3.2.5}$$

$$i_q^*=0 \tag{3.2.6}$$

采用 P/Q 控制的主要目的是使光伏变流器输出的有功功率和无功功率等于其参考功率,即当光伏变流器所连接交流网络系统的频率和电压在允许范围内变化,且需要功率调度时,变流器输出的有功功率和无功功率保持不变。

P/Q 控制器的核心是电流内环控制器的设计。由于 dq 轴分量相互耦合,所以要想实现 dq 电流独立控制,需进行解耦。电流内环调节器采用 PI 调节器,控制方程如下:

$$L\frac{di_d}{dt}=\left(k_p+\frac{k_i}{s}\right)(i_{dref}-i_d) \tag{3.2.7}$$

$$L \frac{\mathrm{d}i_q}{\mathrm{d}t} = \left(k_\mathrm{p} + \frac{k_\mathrm{i}}{s}\right)(i_{q\mathrm{ref}} - i_q) \tag{3.2.8}$$

由式(3.2.7)可知,采用式(3.2.8)的前馈解耦算法可实现 dq 轴分量的解耦控制。

P/Q 解耦原理图如图 3.2.2 所示。其中,电流内环控制器如图中虚线框部分所示。

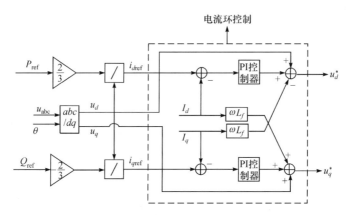

图 3.2.2　P/Q 解耦原理图

图 3.2.2 中,P_{ref}、Q_{ref} 分别为有功功率和无功功率的参考值;ω 为电网角频率;$i_{d\mathrm{ref}}$、$i_{q\mathrm{ref}}$ 分别为功率解耦得到的 d 轴、q 轴电流参考值;u_d、u_q 分别为电流环控制得到的 d 轴、q 轴调制电压信号。将有功功率和无功功率进行解耦,得到电感电流的参考值,与实际测得的电感电流相比较,得到的误差信号经过电流环 PI 控制器调节后作为逆变桥的调制电压信号。采用 PI 调节器可使系统的稳态误差为 0,同时利用锁相环技术,使 P/Q 控制获得电网频率的支撑。

【实验内容与步骤】

1. 实验内容

验证光伏并网发电限功率控制算法。

2. 实验准备

所需主要硬件:计算机、DSP 仿真器、三相光伏变流器、电网电压源、光伏模拟器、示波器等。

所需软件:CCS 3.3、LabVIEW、光伏模拟器软件。

3. 实验步骤

(1) 检查光伏变流器直流侧接光伏模拟器,交流侧通过变压器与电网连接。

（2）检查控制板和驱动板线路连接。

（3）控制 D/A 输出端接示波器。

（4）为控制板上电。

（5）打开 CCS 3.3，并利用仿真器连接 DSP 控制板。

（6）打开三相光伏限功率程序，编译连接生成 .out 文件。

（7）将生成的 .out 文件下载到 DSP 中，并且运行三相光伏限功率程序。

（8）在 CCS 3.3 中实时观测采集数据。

（9）利用示波器观察变流器电气量。

（10）利用光伏模拟器上位机观察曲线变换情况。

（11）利用光伏变流器上位机观察变流器各个参数变换。

（12）记录波形。

4. 实验波形

当光伏变流器发电的最大功率值超过需求量时，需要限制功率。由最大功率点跟踪控制模式切换到限功率 P/Q 模式下。首先设置变流器发电的有功功率和无功功率值，设置完后点击写入，将设置值写入变流器值，然后由最大功率点跟踪模式切换到 P/Q 模式，观察变流器功率变化。例如，设置最大功率为 3000W。开始时变流器工作在最大功率点跟踪模式，然后设置有功功率指令为 1000W，无功功率指令为 200W，随后点击写入按键，将指令值写入 DSP 控制器中。最后点击 PQ-MPPT 拨动开关，将控制策略切换到 P/Q 模式。观察切换后的变流器工作情况。图 3.2.3 为变流器上位机显示的限功率模式下变流器工作情况。图 3.2.4 为限功率模式下功率点的光伏特性曲线分布情况。

图 3.2.5 为限功率模式下给定功率变化后变流器上位机功率变化情况，有功功率由 1000W 变为 2000W，由图中可以看出，实际功率快速跟踪指令功率变换。图 3.2.6 为限功率模式下有功功率指令为 2000W 时功率点的光伏特性曲线分布情况，由图中可以看出，此时光伏特性曲线最大功率为 3000W，变流器通过限功率控制后，使功率点停留在指令功率点附近。

图 3.2.7 为限功率模式切换到最大功率点跟踪模式，变流器上位机功率变化情况，由图可知，首先变流器工作在指令功率为 2000W 的限功率模式，然后切换到最大功率点跟踪模式，功率由 2000W 逐渐爬升到最大功率点 3000W，电压逐渐降为最大功率点电压。图 3.2.8 为限功率模式切换到最大功率点跟踪模式，功率点的光伏特性曲线分布情况，由图可知，功率点最终爬升到光伏特性曲线最大功率点处。

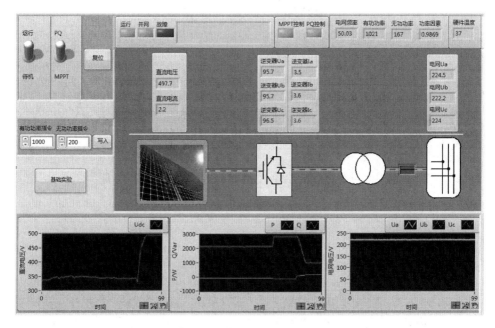

图 3.2.3　变流器上位机显示的限功率模式下变流器工作情况

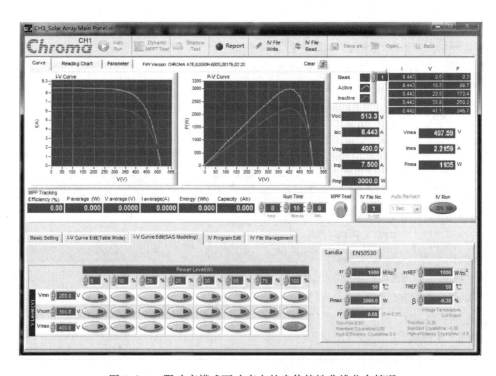

图 3.2.4　限功率模式下功率点的光伏特性曲线分布情况

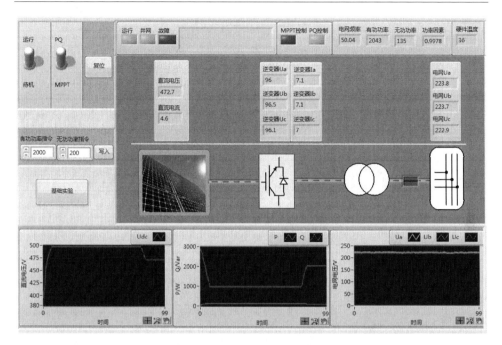

图 3.2.5　限功率模式下给定功率变化后变流器上位机功率变化情况(功率由 1000W 变为 2000W)

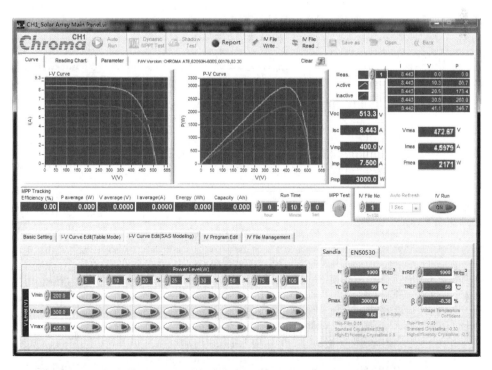

图 3.2.6　限功率模式下有功功率指令为 2000W 时功率点的光伏特性曲线分布情况

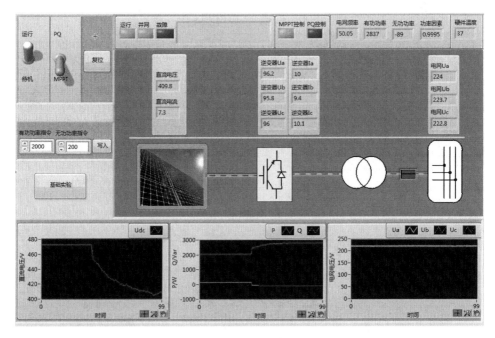

图 3.2.7　限功率模式切换到最大功率点跟踪模式,变流器上位机功率变化情况

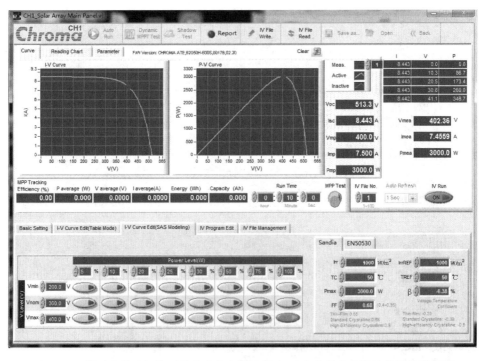

图 3.2.8　限功率模式切换到最大功率点跟踪模式,功率点的光伏特性曲线分布情况

【思考问题】

（1）限功率控制在什么情况下开始？

（2）限功率控制和最大功率点跟踪控制如何自由切换？

实验 3.3　三相光伏并网发电孤岛检测

【实验目的】

（1）了解孤岛检测在三相光伏并网发电中的作用。

（2）理解三相光伏孤岛检测控制策略。

（3）理解孤岛检测控制策略实现方法。

【实验原理】

1. 主动式孤岛检测原理

1）孤岛检测盲区分析

对于孤岛检测所采用的测试原理，相关标准如 GB/T 19939—2005、IEEE Std 929-2000 等给出了一套完整的测试电路与测试方法。测试电路主要由电网、RLC 交流负载、光伏变流器与相关电网电气连接开关等组成，孤岛检测原理图如图 3.3.1 所示。

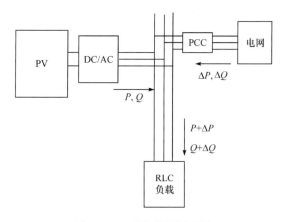

图 3.3.1　孤岛检测原理图

被动式孤岛检测方法可能存在检测盲区，当三相光伏变流器处于并网工况运行时，如图 3.3.1 所示，电网和三相光伏变流器一起供给本地交流负载。可以根据公共耦合点（PCC）电压，变流器输出有功功率、无功功率，负载所消耗功率等得到：

$$P_{\text{load}} = P + \Delta P, \quad Q_{\text{load}} = Q + \Delta Q \tag{3.3.1}$$

$$P_{\text{load}} = U_{\text{PCC}}^2 / R \tag{3.3.2}$$

$$Q_{\text{load}} = U_{\text{PCC}}^2 \left(\frac{1}{\omega L} - \omega C \right) \tag{3.3.3}$$

式中，U_{PCC} 为公共耦合点电压，P、Q 为变流器有功功率、无功功率，P_{load}、Q_{load} 为负载所消耗的有功功率、无功功率。

可以进一步得到：

$$\omega = \frac{1}{\sqrt{LC}} \left(1 - \frac{1}{2} \frac{Q_{\text{load}}}{P_{\text{load}} Q_{\text{f}}} \right) \tag{3.3.4}$$

式中，$Q_{\text{f}} = R\sqrt{\dfrac{C}{L}}$ 为负载的品质因数。

由此，当出现非计划孤岛时，电网侧公共耦合点处已断开，但变流器输出功率并不会立即变化。由式(3.3.1)～式(3.3.4)可知，U_{PCC} 的变化与有功功率变化相关，频率 ω 的变化与有功功率和无功功率相关，具体可分情况讨论。

情况 1：当变流器无功功率不变、有功功率变化时，公共耦合点的电压发生变化，根据式(3.3.4)可知频率相应变化关系如下：

$$\begin{aligned}
\Delta P > 0 &\rightarrow P_{\text{load}} \downarrow \rightarrow U_{\text{PCC}} \downarrow \rightarrow \omega \downarrow \\
\Delta P < 0 &\rightarrow P_{\text{load}} \uparrow \rightarrow U_{\text{PCC}} \uparrow \rightarrow \omega \uparrow
\end{aligned} \tag{3.3.5}$$

情况 2：当变流器有功功率不变、无功功率变化时，有功功率不变化，公共耦合点的电压不会变化，根据式(3.3.4)可知频率相应变化关系如下：

$$\begin{aligned}
\Delta Q > 0 &\rightarrow Q_{\text{load}} \downarrow \rightarrow \omega \downarrow \\
\Delta Q < 0 &\rightarrow Q_{\text{load}} \uparrow \rightarrow \omega \uparrow
\end{aligned} \tag{3.3.6}$$

情况 3：当变流器有功功率、无功功率均变化时，要依据各自变化幅度情况进行分析。

孤岛检测方法有主动式与被动式两种。光伏变流器并网时进行单位功率因数控制，当光伏变流器输出的有功功率与负载有功功率不匹配时，负载端电压将发生变化，当光伏变流器输出的无功功率和负载无功功率不匹配时，电压频率会急剧变化。不匹配程度超过一定界限，会引起负载电压/频率超过公共耦合点的过/欠压、过/欠频的保护范围。但是被动式孤岛检测方法可能存在检测盲区(non-detection zone, NDZ)，由孤岛盲区理论得到：

$$Q_{\text{f}} \left[1 - \left(\frac{f}{f_{\min}} \right)^2 \right] \leqslant \frac{\Delta Q}{P} \leqslant Q_{\text{f}} \left[1 - \left(\frac{f}{f_{\max}} \right)^2 \right] \tag{3.3.7}$$

$$\left(\frac{U}{U_{\max}} \right)^2 - 1 \leqslant \frac{\Delta P}{P} \leqslant \left(\frac{U}{U_{\min}} \right)^2 - 1 \tag{3.3.8}$$

式中，$Q_{\text{f}} = R\sqrt{\dfrac{C}{L}}$ 为负载品质因数，P 为三相光伏变流器输出有功功率，$f_{\max}$、$f_{\min}$ 分别为过/欠频保护阈值，$U_{\max}$、$U_{\min}$ 为过/欠压保护阈值，ΔQ、ΔP 分别为断网前后

光伏变流器输出功率与负载不匹配的有功功率与无功功率的差额。

然而，当满足式(3.3.7)、式(3.3.8)时，公共耦合点的电压频率变化在允许的范围之内，就会进入孤岛检测盲区。此时，被动式孤岛检测方法将无法检测出孤岛，会使实际处于孤岛状态的三相光伏变流器依然按照并网控制运行。

2) 带频率正反馈周期扰动的主动式孤岛检测

针对断网后光伏变流器输出功率与负载匹配时难以检测出孤岛的问题，采用周期性无功电流扰动与频率正反馈相结合的主动式孤岛检测方法，为光伏变流器的模式转换提供指令信号，实现安全快速地从并网控制转向孤岛控制。

根据瞬时功率理论，并网输出的有功功率与无功功率可表示为

$$
\begin{aligned}
P &= 1.5(u_d i_d + u_q i_q) \\
Q &= 1.5(u_d i_q - u_q i_d)
\end{aligned}
\tag{3.3.9}
$$

并网工况时光伏变流器期望向电网输入理想正弦波，在 Park 变换后的同步旋转 dq 轴坐标系下，$u_d = \sqrt{2}U$，$u_q = 0$，其中 U 为大电网相电压计算出的有效值，则可以得到：

$$
\begin{aligned}
P &= 1.5 u_d i_d \\
Q &= 1.5 u_d i_q
\end{aligned}
\tag{3.3.10}
$$

将式(3.3.10)代入式(3.3.4)可以得到：

$$
i_q = 2 i_d Q_f \left(1 - \frac{\omega}{\omega_n}\right), \quad \omega_n = \frac{1}{\sqrt{LC}}
\tag{3.3.11}
$$

由式(3.3.11)可以看出，当断开大电网侧出现孤岛时，如果 i_q 值减小，则 ω 变大，若 i_q 值增大，则 ω 变小。因此，主动式孤岛检测方法的思想为：引入两者关系的正反馈，当孤岛出现时，能加大变流器输出与负载功率的不匹配程度，从而使频率迅速朝一个方向变化，直至到达频率设定上下限值，由此检测出孤岛。

三相光伏变流器的控制策略如图 3.3.2 所示，按照 IEEE Std 929-2000 标准，设置公共耦合点的电压与频率范围，实时监测公共耦合点电压与频率，每经过一个 0.3s 的周期，对无功电流进行持续 2 个工频周期的扰动，当失去大电网支撑，没有检测盲区时，其公共耦合点电压或者频率将会越限，从而检测出孤岛。存在检测盲区时，为了保障孤岛检测的实时性，采取周期性扰动 $i_{qa} = \pm 0.06 i_d$。有电网支撑时扰动对电能质量影响小，扰动方向取决于频率偏移方向，当设定频率偏移超过 0.12Hz 时，为了保障孤岛检测的快速性，引入正反馈 $i_{qb} = 50(f-50)i_d$ 至扰动作用中，周期扰动系数与正反馈系数来自实验测试。将两个扰动项相加为并网工况单位功率因数控制的无功电流参考信号 i_q^*，使其对频率形成正反馈，从而使频率朝一个方向上的偏移加大。检测出孤岛后，光伏变流器将会由并网控制模式切换到封波断开模式，具体算法如图 3.3.2 所示。

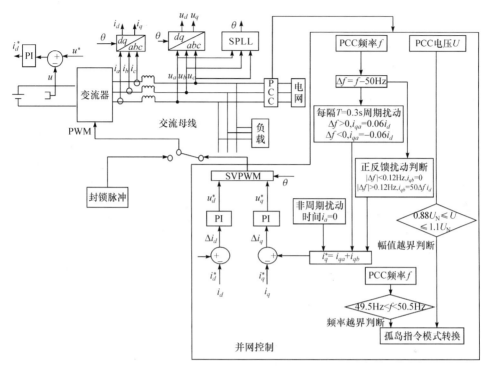

图3.3.2　孤岛检测及控制策略

2. 仿真分析

本实验利用 MATLAB/Simulink 软件搭建三相光伏并网发电仿真实验平台,如图3.3.3所示。交流母线侧交流本地负载为 RLC 负载,其电路谐振频率与电网频率一致,此时电路消耗的感性无功功率与容性无功功率相等,负载电路相当于纯电阻电路。仿真时设置 RLC 负载中,三相等效负载 R 为 14.44Ω,L 为 18.47mH,C 为 $549.05\mu\text{F}$,其谐振频率为 50Hz,负载品质因数为 2.5,仿真模拟在最恶劣情况下的孤岛检测情况。其他具体电路参数如下:变流器额定有功功率为 10kW,直流母线电压为 350~600V,滤波电感为 5mH,滤波电容为 $12\mu\text{F}$,电网额定线电压为 160V,电网额定频率为 50Hz。

三相光伏变流器与电网在 $t=0.4\text{s}$ 时断开,0.4s 后与电网完全无能量交换。图3.3.4为极端孤岛情况下,采用被动式孤岛检测逆变输出电压和电流变化情况。由图3.3.4(a)可知,采用被动式孤岛检测,在 0.4s 断网后变流器输出功率全部作用到 RLC 负载,变流器输出电压有效值和 0.4s 之前变化不大;由图3.3.4(b)可知,在 0.4s 断网后变流器输出电压和电流波形基本保持不变。所以,断开电网后,在没有主动检测方法的情况下,会进入检测盲区。

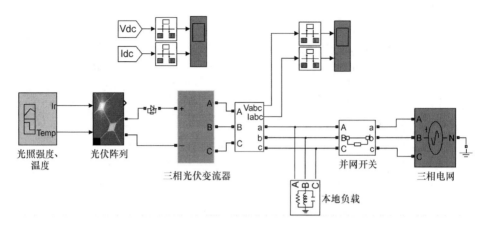

图 3.3.3　三相光伏并网发电仿真实验平台

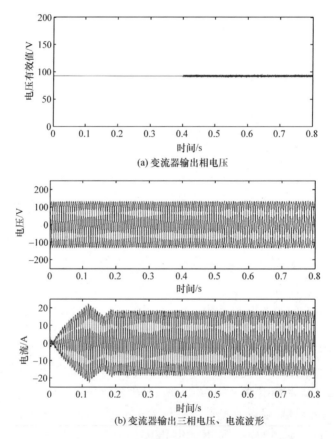

(a) 变流器输出相电压

(b) 变流器输出三相电压、电流波形

图 3.3.4　被动式孤岛检测变流器输出电压、电流变化

图 3.3.5 为加入无功扰动的主动式孤岛检测。三相光伏变流器控制的无功参考电流每隔 0.3s 进行持续 0.04s 的扰动,如图 3.3.5(a)所示。由图 3.3.5(b)大电网侧电流可知,$t=0.4$s 时断网,0.4s 后与电网完全无能量交换。由图 3.3.5(c)和(d)可知,孤岛检测中的相电压有效值、电压和电流实时波形在 0.4s 断网之前,因电网的钳制变化不大,即使加入扰动影响也微乎其微。但是在断开电网后,在没有主动检测方法的情况下,会进入检测盲区,当在 0.6s 遇到周期扰动的主动检测时,能在 0.4s 断网后的 0.205s 检测出孤岛,即在 $t=0.605$s 时电压、电流实时波形和相电压有效值变化都很大,可以快速判断出当前处于孤岛状态。

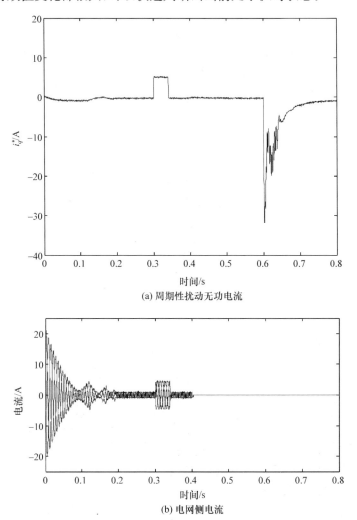

(a) 周期性扰动无功电流

(b) 电网侧电流

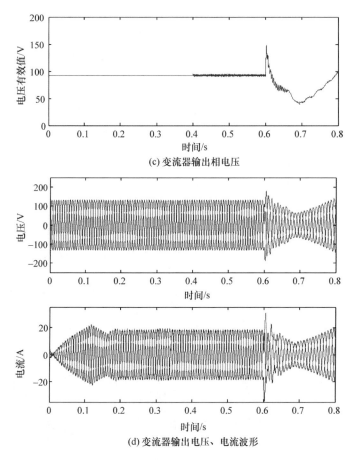

(c) 变流器输出相电压

(d) 变流器输出电压、电流波形

图 3.3.5　带无功扰动的主动式孤岛检测

【实验内容与步骤】

1. 实验内容

验证基于无功扰动的主动式孤岛检测方法。

2. 实验准备

所需主要硬件:计算机、仿真器、三相光伏变流器、光伏模拟器、电网电压源、孤岛检测负载、示波器等。

所需软件:CCS 3.3、LabVIEW、孤岛检测负载上位机程序。

3．实验步骤

（1）检查光伏变流器直流侧接光伏模拟器，交流侧通过变压器与电网连接，交流侧输出接一个孤岛检测负载。

（2）检查控制板和驱动板线路连接。

（3）控制 D/A 输出端接示波器。

（4）为控制板上电。

（5）打开 CCS 3.3，并利用仿真器连接 DSP 控制板。

（6）打开三相光伏孤岛检测程序，编译连接生成 .out 文件。

（7）将生成的 .out 文件下载到 DSP 中，并且运行三相光伏孤岛检测程序。

（8）在 CCS 3.3 中实时观测采集数据。

（9）利用光伏模拟器上位机观察曲线变换情况。

（10）利用孤岛检测负载上位机观察负载情况。

（11）记录波形。

4．实验波形

三相光伏变流器在并网情况下，光伏模拟器输出最大功率点电压为 400V，最大功率为 2000W，控制变流器工作在最大功率点跟踪模式。图 3.3.6 为光伏变流器在正常工作情况下检测到电网电压突然消失，检测到孤岛状态，然后脱离电网的

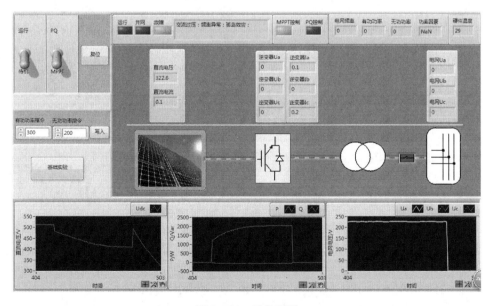

图 3.3.6　孤岛检测

过程。由图可知,在变流器并网之前,变流器直流侧电压为光伏电池的开路电压510V。当变流器并到电网后,变流器开始最大功率点跟踪控制,功率逐渐爬升,爬升到最大功率点后,功率不再上升,直流侧电压保持最大功率点电压400V不变。在最大功率点正常运行时,电网电压突然断电,光伏变流器会立刻检测到孤岛状态,并且将当前故障信息反映到上位机显示界面,同时控制变流器与电网之间的断路器快速断开,以防光伏并网发电系统在电网故障的情况下带电,威胁电路维修人员的人身安全。

【思考问题】

　　(1) 被动式孤岛检测有哪些缺点?
　　(2) 主动式孤岛检测还有哪些方法?

实验 3.4　三相光伏并网发电低电压穿越

【实验目的】

(1) 了解电网故障引发的低电压现象。

(2) 理解三相光伏低电压穿越控制方法。

【实验原理】

1. 低电压穿越概念及其并网标准

光伏发电的比例在我国电力能源中越来越高,光伏发电系统与电网之间的相互影响已经不能忽略,这就对光伏发电技术有了更高的要求。光伏并网系统的低电压穿越(low voltage ride-through,LVRT)是指在电网扰动或故障引起光伏并网点电压波动时,光伏阵列在一定范围内能够不间断地并网运行的技术。当光伏系统出力加大或渗透率较高时,电网发生故障容易引起光伏系统跳闸,导致相邻的光伏组件连锁跳闸,从而导致大面积停电,影响电网的安全稳定运行。因此,要求光伏并网系统具有 LVRT 能力。

光伏电站并网系统的 LVRT 技术可以参照风电场的 LVRT 技术。光伏并网与风电并网的相同之处为两者都是通过电力电子器件并网,因此电力电子器件的耐受能力制约电场的 LVRT 能力;不同之处为光伏电场没有转动惯量,并且由于光伏组件的输出特性,直流侧的电压在电网跌落故障时不会升高很多。因此,制约光伏电场 LVRT 能力的瓶颈是 DC/AC 变流器网侧电流的大小,如果该电流超出额定值过多则会损害电力电子器件。

目前各国都已经出台了关于光伏电站需要具备电网故障运行能力的强制性标准。我国的国家电网公司起草的《光伏电站接入电网技术规定(试行)》中也明确对大中型光伏电站在电网故障时的运行指标提出了量化标准,如图 3.4.1 所示,当并网点电压在轮廓线以上部分时,光伏电站必须保证不脱网持续并网运行;当电网电压在轮廓线以下部分时,光伏电站可以从并网点切出。尤其是在并网点电压跌落至零时,光伏发电站应不间断并网运行 0.15s,且需提供响应时间小于 30ms 的动态无功支撑。

2. 低电压穿越方案分析

光伏组件通过变流器与电网连接,与电网间不存在直接耦合,因此电网电压的瞬间跌落会导致直流母线电压的急剧上升。由于光伏电池自身的特性,当直流母

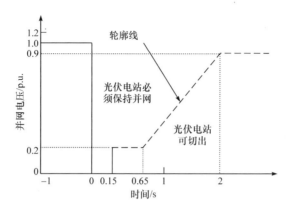

图 3.4.1　光伏电站的低电压穿越耐受能力要求

线电压升高时,其输出有功功率将迅速降低,在电网电压穿越的初始阶段不需要增加额外的卸荷电阻。

光伏电站在电网发生对称穿越故障时可以采取以下技术:

(1) 基于储能设备的 LVRT 技术;

(2) 基于动态无功补偿的 LVRT 技术;

(3) 基于并网电流控制的 LVRT 技术。

其中,方案(1)需要在电路上增加储能设备,这样不仅能有效解决光伏电站电压穿越问题,还能平抑功率波动问题;当电网发生故障时,方案(2)通过动态无功补偿设备向电网注入所需的无功功率,为电网提供电压支撑,帮助电网快速实现故障恢复;上述两种 LVRT 方案都是通过外加设备来实现 LVRT 能力,因此增加了系统成本,使系统变得更加复杂,而且忽略了变流器自身的 LVRT 能力;方案(3)可以在电网电压跌落时,根据电压跌落深度,控制变流器输出无功电流大小,从而向电网注入一定的无功功率,提高并网点电压,支撑光伏发电系统持续工作,帮助电网快速恢复。

3. 低电压穿越控制策略

电网电压跌落时,变流器输出电流瞬时增大。当电网电压跌落深度较大时,若不采取 LVRT 控制策略,光伏阵列发出功率与并网功率不平衡,则会导致变流器过流、直流侧电压上升,从而使光伏变流器过流保护而停机脱网。

大型光伏电站的中高压变流器应具备一定的耐受异常电压的能力,避免在电网电压异常时脱离,引起电网电源的不稳定。光伏变流器 LVRT 的关键在于电网电压跌落和恢复时光伏变流器不至于因过流保护而停机脱网。LVRT 技术的实现应尽量在目前光伏变流器的基础上不改动硬件设备,只改变光伏变流器的控制策略。

　　在正常运行情况下,光伏变流器一般采用输出有功、无功解耦控制,无功电流指令给定为零,单位功率因数并网。电网电压跌落时,光伏变流器运行在静止无功补偿(STATCOM)模式,根据电网电压的跌落深度,计算需要向电网补充的无功电流的大小。电网电压跌落的深度越大,需要向电网补充的无功电流就越大;反之越小。

　　当检测到并网点电压跌落时,断开直流侧电压外环,控制框图如图 3.4.2 所示。LVRT 控制策略是在原有稳态控制策略的基础上,对有功电流和无功电流的参考值重新分配来实现的。其控制策略如图 3.4.3 所示。

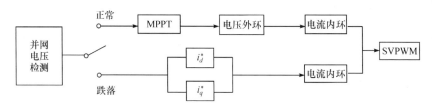

图 3.4.2　三相光伏 LVRT 控制框图

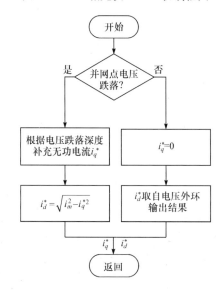

图 3.4.3　三相光伏 LVRT 控制策略

　　当电网电压正常时,无功电流指令给定为零,i_d^* 继续取自电压外环计算的结果,变流器运行在单位功率因数状态,只向电网输送有功功率。当并网点电压跌落时,断开电压外环,变流器改为电流单闭环运行模式,无功电流指令和有功电流指令通过计算得到。

　　无功电流参考值根据电网电压跌落的深度计算,然后根据光伏并网标准,合理控制无功电流与电网电压跌落深度之间的比例,并通过直接给定变流器输出不过流时的有功电流参考值,实现有功、无功电流指令的重新分配。

4. 电网故障时光伏电站并网系统仿真

为了验证基于并网电流控制的 LVRT 方案的正确性和可行性,本实验对光伏发电系统的电压跌落特性进行了仿真,仿真系统参数和实验 3.3 中三相光伏仿真系统的参数一样。电网电压跌落的深度分别设定为 20%、44%、80% 和 100%(零电压穿越),其中前三种电压跌落在 0.4s 处发生,到 0.8s 跌落结束,跌落持续的时间设定为 400ms。零电压穿越的电压跌落在 0.4s 处发生,到 0.55s 跌落结束,跌落持续时间设定为 150ms,网侧电流的限幅值为 25A。图 3.4.4 为光伏电站并网发电系统仿真模型。

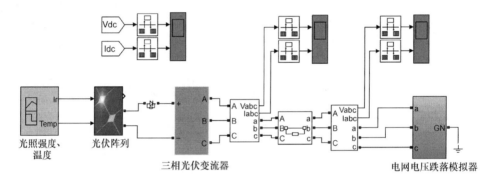

图 3.4.4　带 LVRT 光伏电站并网发电系统仿真模型

图 3.4.5、图 3.4.6、图 3.4.7 和图 3.4.8 分别给出了电压跌落深度为 20%、44%、80% 和 100% 时的 LVRT 过程变流器的仿真波形图。

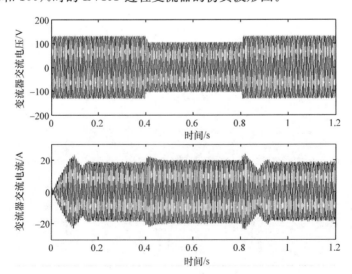

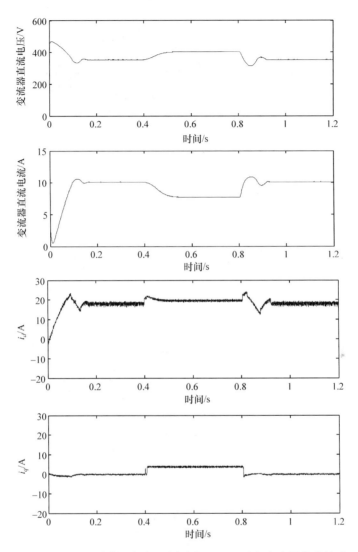

图 3.4.5　电压跌落深度为 20% 时的 LVRT 过程变流器仿真波形

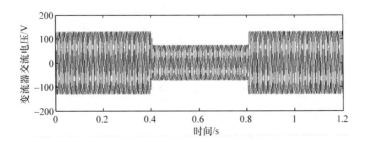

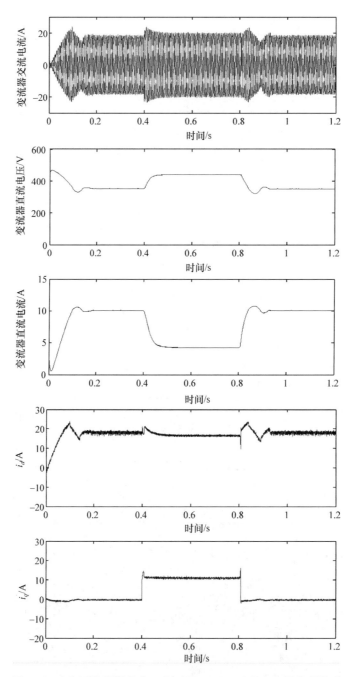

图 3.4.6 电压跌落深度为 44% 时的 LVRT 过程变流器仿真波形

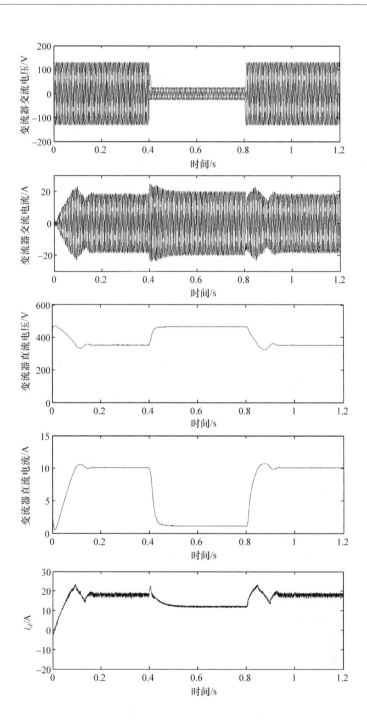

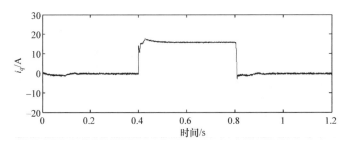

图 3.4.7　电压跌落深度为 80% 时的 LVRT 过程变流器仿真波形

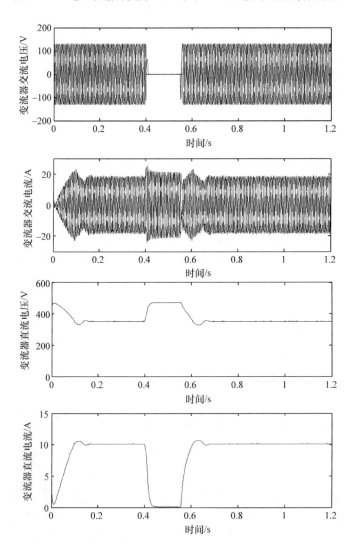

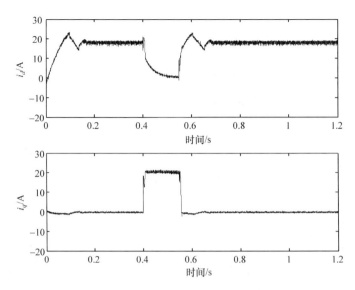

图 3.4.8　电压跌落深度为 100% 时的 LVRT 过程变流器仿真波形

　　仿真结果表明,三相光伏变流器设置合适的电流限幅值和选择有效的低电压穿越控制策略,在电网电压跌落故障期间,直流母线电压不会超过光伏电站的开路电压;MPPT 控制策略失效后,根据光伏电池的 I-U 特性,光伏侧的端电压上升时,光伏的输出电流相应下降;网侧电流和网侧吸收的有功功率均得到了比较好的控制,有比较快的响应速度,维持了光伏电站的安全运行,提高了光伏并网发电系统的低电压穿越能力。

【实验内容与步骤】

　　1. 实验内容

　　验证光伏并网发电低电压穿越效果。

　　2. 实验准备

　　所需主要硬件:计算机、仿真器、三相光伏变流器、光伏模拟器、电网模拟器、示波器等。
　　所需软件:CCS 3.3。

　　3. 实验步骤

　　(1) 检查光伏变流器直流侧接光伏模拟器,交流侧通过变压器与电网连接。

（2）检查控制板和驱动板线路连接。

（3）驱动板电压电流端接示波器。

（4）为控制板上电。

（5）打开 CCS 3.3，并利用仿真器连接 DSP 控制板。

（6）打开低电压穿越程序，编译连接生成 .out 文件。

（7）将生成的 .out 文件下载到 DSP 中，并且运行低电压穿越程序。

（8）在 CCS 3.3 中实时观测采集数据。

（9）利用示波器观察电压电流波形。

（10）记录波形。

4. 实验波形

首先变流器工作在 MPPT 控制模式，光伏模拟器输出光伏特性曲线恒定，通过电网模拟器改变电网电压幅值，模拟电压跌落过程。设置电网相电压为 92V（线电压 160V），运行一段时间后使相电压跌落 50% 和 80%，观察变流器输出波形。

图 3.4.9 为电网电压跌落 50%、持续时间为 1s 的变流器输出波形，图 3.4.10 为电网电压跌落 80%、持续时间为 0.7s 的变流器输出波形。其中，通道 CH1 是电网线电压，CH2 是变流器输出电流。

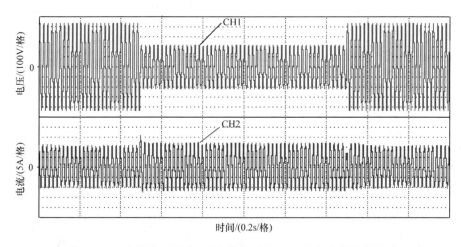

图 3.4.9　电网电压跌落 50%、持续时间为 1s 的变流器输出波形

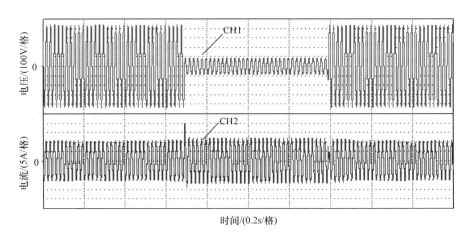

图 3.4.10　电网电压跌落 80%、持续时间为 0.7s 的变流器输出波形

【思考问题】

（1）低电压穿越和孤岛检测有哪些不同？可以同时工作吗？

（2）光伏电站低电压穿越和风力发电低电压穿越有哪些不同？

第4章 三相光储发电系统实验

本章主要介绍三相光储发电系统实验,包括三相光储发电系统并网控制策略实验、三相光储发电系统孤岛控制策略实验、三相光储发电系统并离网切换控制策略实验和基于虚拟同步发电机的三相光储发电系统运行控制实验。

实验4.1 三相光储发电系统并网控制策略

【实验目的】

(1) 了解光储微电网在并网状态下运行的重要性。

(2) 理解并网状态下光伏变流器和储能变流器的控制策略。

【实验原理】

随着光伏和储能技术的发展,光伏发电与储能组合已成为微电网的主要形式。微电网在实际运行时主要工作在两种状态:并网和孤岛。并网状态是指微电网与公共大电网通过公共耦合点相连,此时微电网的电压与频率由大电网来稳定。微电网并网工作时,蓄电池和光伏电池的变流器分别采取不同的控制策略,蓄电池采用P/Q控制,光伏电池采用MPPT控制。当系统由并网状态切换为孤岛状态时,微电网能够自动脱离电网孤岛运行,此外设计了孤岛检测装置,由孤岛检测装置发出孤岛信号来触发不同控制策略间的切换。图4.1.1为光储微电网并网运行的电气结构图。三相光伏逆变控制策略在第3章实验中已经介绍,这里主要介绍蓄电池逆变的并网控制策略。

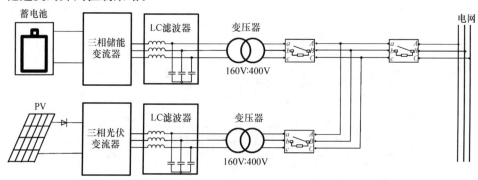

图4.1.1 光储微电网并网运行电气结构图

1. 蓄电池控制策略

并网状态下蓄电池的控制结构如图 4.1.2 所示。蓄电池通过三相电压型变流器与交流母线相连,实现功率在交流母线与蓄电池间的双向流动。变流器交流侧电容电压、电感电流经过 Park 变换,与有功功率、无功功率参考值一并送入 P/Q 控制器中,得到逆变桥调制电压值,经过 SVPWM 计算得到 PWM 波。

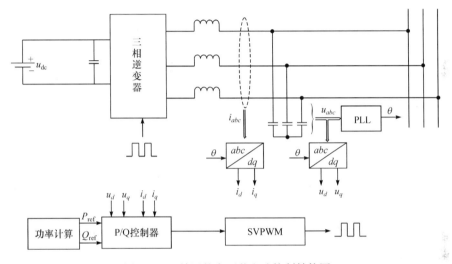

图 4.1.2　并网状态下蓄电池控制结构图

1) P/Q 控制策略

P/Q 控制策略即对微电源发出的有功功率和无功功率进行控制,通常用于微电网与大电网并网或者主从模式中从变换器的功率控制,这时由大电网或者其他微电源提供频率电压支撑,对变流器有功功率的控制通过跟踪上层控制器下达的指令值;在单位功率因数运行模式时,无功功率指令值通常设为零,在需要进行无功补偿的场合,根据需要设定无功功率的参考值。

在微电网并网工作时蓄电池采用 P/Q 控制,使得与蓄电池相连的变流器的输出功率始终等于给定值。式(4.1.1)为被测点的有功功率和无功功率在同步旋转 dq 坐标系下的计算公式,其中 d 轴方向和网侧电压空间矢量方向一致,因此 d 轴为有功功率轴,q 轴超前 d 轴 90°,为无功功率轴。u_d 和 u_q 为输出电压 d 轴分量和 q 轴分量,i_d 和 i_q 分别为并网电流有功电流分量和无功电流分量。当网侧电压为标准对称三相正弦波时,$u_q = 0$,所以功率控制的实质是并网电流 i_d、i_q 的电流内环控制。

$$P = \frac{3}{2} u_d i_d + \frac{3}{2} u_q i_q$$

$$Q = -\frac{3}{2} u_d i_q + \frac{3}{2} u_q i_d$$

$$(4.1.1)$$

P/Q 控制器的核心是电流内环控制器的设计。由于 dq 轴分量相互耦合,要想实现 dq 轴电流独立控制,需进行解耦。电流内环调节器采用 PI 调节器,控制方程如下:

$$u_d^* = \left(k_p + \frac{k_i}{s} \right)(i_{dref} - i_d) - \omega L i_q + u_d$$

$$u_q^* = \left(k_p + \frac{k_i}{s} \right)(i_{qref} - i_q) - \omega L i_d + u_q$$

$$(4.1.2)$$

$$L \frac{d i_d}{d t} = \left(k_p + \frac{k_i}{s} \right)(i_{dref} - i_d)$$

$$L \frac{d i_q}{d t} = \left(k_p + \frac{k_i}{s} \right)(i_{qref} - i_q)$$

$$(4.1.3)$$

电流内环控制器如图 4.1.3 中虚线框所示部分。

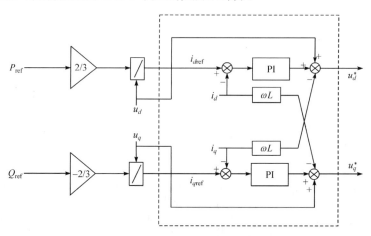

图 4.1.3　蓄电池 P/Q 控制器原理图

图 4.1.3 为蓄电池 P/Q 控制器原理图,P_{ref}、Q_{ref} 分别为有功功率参考值和无功功率参考值;ω 为电网角频率;i_{dref}、i_{qref} 分别为功率解耦得到的 d 轴、q 轴电流参考值;u_d^*、u_q^* 分别为电流环控制得到的 d 轴、q 轴调制电压信号。将有功功率和无功功率进行解耦,得到电感电流的参考值,与实际测得的电感电流相比,得到的误差信号经过电流环 PI 控制器调节后作为逆变桥的调制电压信号。采用 PI 调节器可使系统的稳态误差为 0,同时利用锁相环技术,使 P/Q 控制获得大电网频率的支撑。

2) 功率匹配算法

当微电网的出力与负荷平衡时,配电网与微电网实现零功率交换,这也是微电网最佳、最经济的运行方式。P/Q 控制器中有功功率和无功功率的参考值一般采取给恒定值的方式,然而在实际工作中负荷功率具有不确定性,为了使微电网与负荷实现功率匹配,需要实时调节微电网自身发出的功率。两种自动计算匹配功率值的算法分别如下。

(1) 基于功率计算的算法。在并网条件下,光伏电池、蓄电池、大电网以及负荷之间的有功功率关系符合式(4.1.4):

$$P_{\text{bat}} + P_{\text{PV}} + P_{\text{grid}} = P_{\text{Load}} \tag{4.1.4}$$

当微电网与负荷功率匹配时,功率关系符合式(4.1.5):

$$P_{\text{bat}}^{*} + P_{\text{PV}} = P_{\text{Load}} \tag{4.1.5}$$

由以上两式可以得到

$$P_{\text{bat}} + P_{\text{grid}} = P_{\text{bat}}^{*} \tag{4.1.6}$$

根据式(4.1.6),在功率计算时,可以采用蓄电池的输出功率与大电网输出功率之和作为 P/Q 控制的功率给定值,从而实现微电网与负荷之间的功率匹配。该方法的另一个优点是计算过程中不需要其他微电源参与计算,减少了微电源相互之间的通信,并且更符合“即插即用”的宗旨。此外,计算得到的有功功率参考值需要先经过一个限幅模块,再输入 P/Q 控制器中,限幅模块的上下限幅值分别设为蓄电池的最大放电功率和充电功率。

(2) 基于并网电流控制的算法。微电网与负荷功率匹配时,大电网与微电网之间没有功率流动,即并网电流为 0。如果能够控制并网电流恒等于 0,则可以实现功率匹配,控制器结构如图 4.1.4 所示。

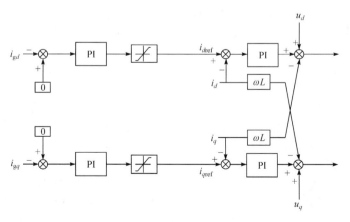

图 4.1.4　并网电流控制器原理图

并网电流 i_g 经过 Park 变换,得到 dq 坐标系下的分量 i_{gd} 与 i_{gq},与 0 做比较之后将比较差值经过 PI 调节器和限幅模块,得到的值作为控制器电流内环的参考值。其中限幅模块的限幅值设为蓄电池的最大充电电流。

以上介绍的两种方法都可以达到微电网功率自动匹配的目的。本实验选取第一种方法作为功率匹配算法。

2. 仿真模型及结果

为了验证三相光储并网控制策略的正确性和可行性,本实验搭建了三相光储并网系统仿真模型,其中光伏变流器的额定功率为 5kW,额定电压为 160V,额定电流为 17A;蓄电池的额定电压为 400V,滤波电感为 5mH,滤波电容为 12μF;储能变流器的额定功率为 5kW,额定电压为 160V,额定电流为 17A,滤波电感为 5mH,滤波电容为 12μF;光伏电池的开路电压为 472V,短路电流为 12A,最大功率点电压为 380V,最大功率点电流为 10A。三相光储并网系统结构如图 4.1.5 所示。

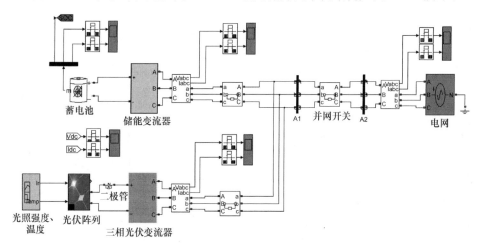

图 4.1.5　三相光储并网系统结构

1) 蓄电池 P/Q 控制模型

图 4.1.6 给出了蓄电池 P/Q 控制器仿真模型,有功功率参考值 P^*、无功功率参考值 Q^* 经过解耦运算得到电流内环的电流参考值,与电感电流反馈值作比较,得到的差值经过 PI 控制器调节,得到逆变桥调制电压。

2) 光伏电池 MPPT 控制模型

图 4.1.7 给出了光伏电池 MPPT 仿真模型,测量光伏电池的电压、电流,判断此时刻与上一时刻的功率差 P_{dif},若 P_{dif} 等于 0,则不改变电压参考值;若 P_{dif} 不等于 0,则需判断 P_{dif} 与电压差 U_{dif} 的符号,若两者符号相同,则最大功率点电压参考值 u_{ref} 将增加 3V,若两者符号不同,则最大功率点电压参考值将减小 3V。

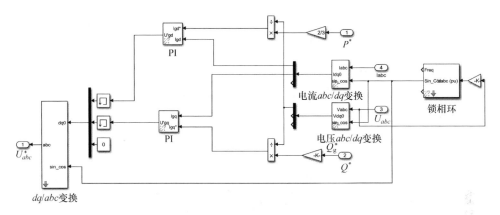

图 4.1.6 蓄电池 P/Q 控制器仿真模型

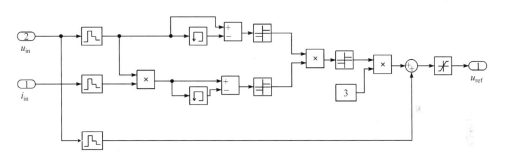

图 4.1.7 光伏电池 MPPT 仿真模型

图 4.1.8 给出了微电网在并网状态正常工作时的仿真波形。仿真开始时光伏电池工作在 MPPT 控制模式,光照强度为 1000W/m²,温度为 25℃,蓄电池工作在 P/Q 控制模式,输出功率为 5kW,光伏电池最大功率为 3.5kW。由图 4.1.8 可知,储能变流器交流电压和光伏变流器交流电压与公共耦合点并网点电压一样,说明变流器输出电压被大电网钳位;公共耦合点电流是储能变流器交流电流和光伏变流器交流电流之和,所有功率都输给大电网。

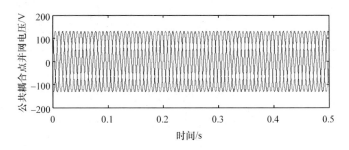

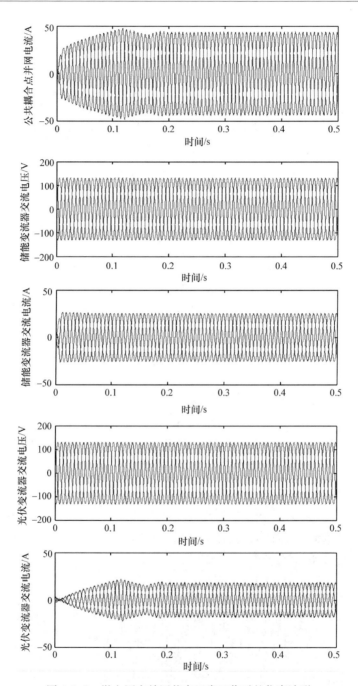

图 4.1.8　微电网在并网状态正常工作时的仿真波形

【实验内容与步骤】

1. 实验内容

三相光储微电网并网情况下运行状况分析，验证控制策略。

2. 实验准备

所需主要硬件：计算机、仿真器、光伏变流器、储能变流器、三相电网、示波器等。

所需软件：CCS 3.3、LabVIEW。

3. 实验步骤

（1）检查光伏变流器、储能变流器线路连接。

（2）为光伏变流器、储能变流器上控制电。

（3）打开 CCS 3.3，并利用仿真器连接 DSP 控制板。

（4）打开光伏变流器程序，编译生成 . out 文件。

（5）将生成的 . out 文件下载到 DSP 中，并且运行光伏变流器程序。

（6）打开储能变流器并网程序，编译生成 . out 文件。

（7）将生成的 . out 文件下载到 DSP 中，并且运行储能变流器程序。

（8）打开上位机 LabVIEW（光储管理系统），并与光伏变流器和储能变流器通信。

（9）利用上位机控制光储微电网处于并网运行状态。

（10）记录波形。

4. 实验波形

图 4.1.9 和图 4.1.10 为光储微电网系统在并网状态下工作的实验波形。其中，通道 CH1 是电网电压，CH4 是光伏变流器交流电流，CH5 是储能变流器交流电流，CH6 是电网交流电流。该光储微电网系统设置负载为零，并网状态下储能变流器工作在 P/Q 控制模式，光伏变流器工作在 MPPT 控制模式。图 4.1.9 是并网状态下储能发送功率的系统波形，图 4.1.9(a)是并网点系统波形，图 4.1.9(b)是光伏储能并网点 A 相电流波形。图 4.1.10 是并网状态下储能吸收功率的系统波形，图 4.1.10(a)是并网点系统波形，图 4.1.10(b)是光伏储能并网点 A 相电流波形。由图 4.1.9 可知，当控制储能变流器发送功率时，储能变流器发出的功率和光伏变流器发出的功率都被电网吸收，储能变流器 A 相电流和光伏变流器 A 相电流与电网 A 相电流相反，电网交流电流（通道 CH6）的幅值大小等于光伏变流器交流电流（通道 CH4）和储能变流器交流电流（通道 CH4）之和。由图 4.1.10 可知，当控

制储能变流器吸收功率时,电网A相电流和光伏变流器A相电流与储能变流器A相电流相反,光伏变流器发出的功率大于储能变流器吸收的功率,此时光伏变流器发出的功率一部分被储能变流器吸收,一部分被电网吸收,光伏变流器交流电流(通道CH4)的幅值等于电网交流电流(通道CH6)和储能变流器交流电流(通道CH4)之和。

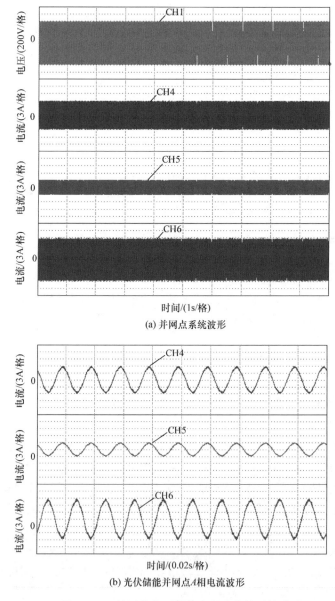

(a) 并网点系统波形

(b) 光伏储能并网点A相电流波形

图 4.1.9　并网状态下储能发送功率的系统波形

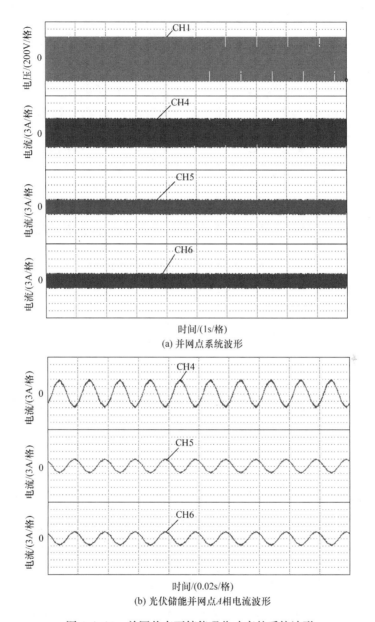

(a) 并网点系统波形

(b) 光伏储能并网点4相电流波形

图 4.1.10 并网状态下储能吸收功率的系统波形

【思考问题】

(1) 光储微电网并网运行状态下,光伏变流器工作模式如何选择?

(2) 光储微电网并网运行状态下,光伏变流器和储能变流器如何协同控制?

实验 4.2　三相光储发电系统孤岛控制策略

【实验目的】

（1）了解光储微电网在孤岛状态下运行的意义。

（2）理解孤岛状态下光伏变流器和储能变流器的控制策略。

【实验原理】

光储微电网处于孤岛状态时，为了使本地负载正常工作，储能变流器采用 V/f 控制策略，光伏变流器仍然采用 MPPT 控制策略。当负荷所需功率小于光伏电池发出的功率时，光伏电池对蓄电池充电，充电到一定程度，当蓄电池电压达到其上限值时，光伏电池切换为限功率控制策略。当负荷所需功率大于光伏电池输出功率时，蓄电池放电输出部分功率；当蓄电池电压达到其下限值时，系统自动切除不敏感负荷，使负荷所需功率小于或等于光伏电池的输出功率，蓄电池停止对外放电。图 4.2.1 为光储微电网系统孤岛运行状态下的电气结构。

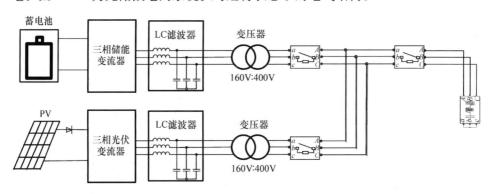

图 4.2.1　光储微电网孤岛运行状态下的电气结构

1. 蓄电池 V/f 控制策略

孤岛时蓄电池储能系统控制结构图如图 4.2.2 所示，其核心部分是 V/f 控制器。

V/f 控制策略是指变流器输出稳定的电压和频率，确保孤岛运行中其他从属分布式发电（DG）和敏感负荷继续工作。由于孤岛容量有限，一旦出现功率缺额，需切除次要负荷以确保敏感负荷的工作，因此 V/f 控制要能够快速响应跟踪负荷投切。

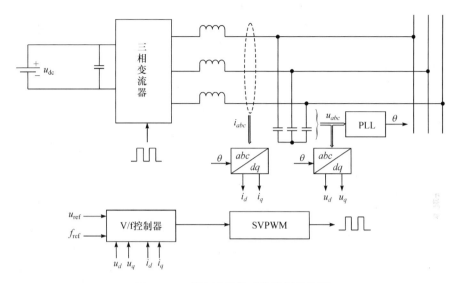

图 4.2.2 蓄电池储能系统控制结构图

V/f 控制策略一般采用电压外环、电流内环的双环控制方案,利用变流器反馈电压调节交流侧电压来保证输出电压的稳定。电压外环用来保证输出电压的稳定,电流内环构成的电流随动系统能够大大加快抵御扰动的动态过程。电压电流双闭环控制充分利用了系统的状态信息,动态性能好、稳态精度高。同时,电流内环增大了变流器控制系统的带宽,加快了变流器动态响应速度,对非线性负载扰动的适应能力大大加强,输出电压的谐波含量减少。

下面主要分析电压外环控制器的设计。输出电压 u_d 和 u_q 之间存在耦合,需要进行解耦控制。本实验电压外环采用 PI 调节器,能够实现输出电压的无静差调节。i_d、i_q 控制方程如下:

$$i_d = \left(k_p + \frac{k_i}{s}\right)(u_{dref} - u_d) - \omega C u_q \tag{4.2.1}$$

$$i_q = \left(k_p + \frac{k_i}{s}\right)(u_{qref} - u_q) + \omega C u_d \tag{4.2.2}$$

$$C\frac{du_d}{dt} = \left(k_p + \frac{k_i}{s}\right)(u_{dref} - u_d) \tag{4.2.3}$$

$$C\frac{du_q}{dt} = \left(k_p + \frac{k_i}{s}\right)(u_{qref} - u_q) \tag{4.2.4}$$

图 4.2.3 为 V/f 控制器的结构原理图,由电压外环和电流内环构成,电压外环的输出作为电流内环的输入。电压外环和电流内环的控制都采用 PI 调节器。

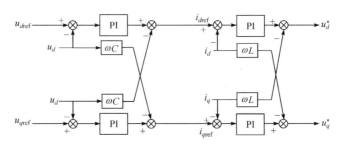

图 4.2.3　V/f 控制器结构原理图

2. 仿真模型与结果分析

为了验证三相光储发电系统孤岛控制策略的正确性和可行性,本实验搭建了三相光储孤岛系统仿真模型,其中储能变流器的额定功率为 5kW,额定电压为 160V,额定电流为 17A;蓄电池的额定电压为 400V,滤波电感为 5mH,滤波电容为 12μF;光伏变流器的额定功率为 5kW,额定电压为 160V,额定电流为 17A,滤波电感为 5mH,滤波电容为 12μF;光伏电池的开路电压为 472V,短路电流为 12A,最大功率点电压为 380V,最大功率点电流为 10A,负载功率范围为 0～6kW。三相光储发电系统孤岛结构如图 4.2.4 所示。

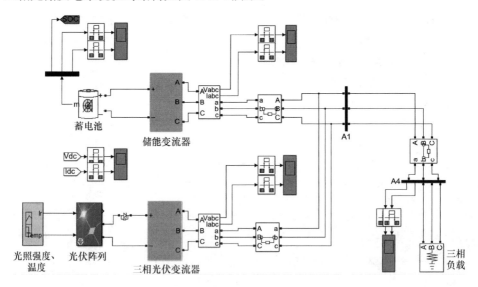

图 4.2.4　三相光储发电系统孤岛结构

1) 蓄电池 V/f 控制模型

图 4.2.5 给出了 V/f 控制器的仿真模型。电压外环的 d 轴参考电压 u_d^*、q 轴

参考电压 u_q^* 分别与滤波电容电压的 d 轴电压 u_d、q 轴电压 u_q 作比较,得到的差值经过 PI 调节器运算输出与电压解耦项之和作为电流内环的电流参考值 i_d^*、i_q^*,再与滤波电感电流的 d 轴电流 i_d、q 轴电流 i_q 作比较,得到的差值经过 PI 控制器输出与电流解耦项之和作为变流器的调制电压 u_{abc}^*。

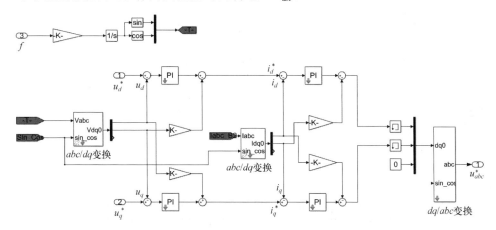

图 4.2.5　蓄电池 V/f 控制器仿真模型图

2) 仿真结果分析

图 4.2.6 和图 4.2.7 给出了微电网在孤岛状态下正常运行时的仿真波形。仿真光伏变流器工作在 MPPT 控制模式,储能变流器工作在 V/f 控制模式。图 4.2.6 是负载为 5kW 的系统运行波形,图 4.2.7 是负载为 2kW 的系统运行波形。储能变流器先开始工作,0.3s 时光伏变流器开始工作。图 4.2.8 为储能变流器由放电过程变为充电过程的仿真波形。

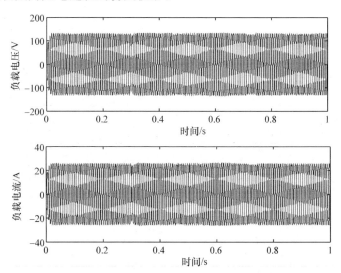

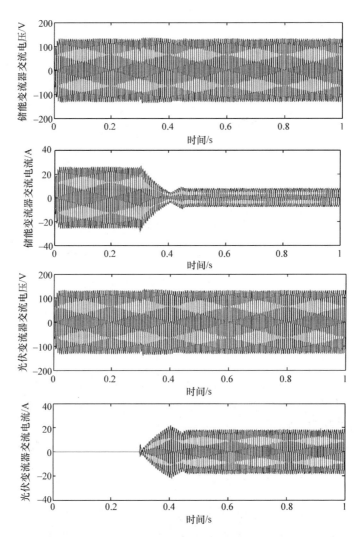

图 4.2.6　负载为 5kW 时微电网孤岛正常工作仿真波形

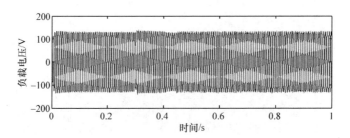

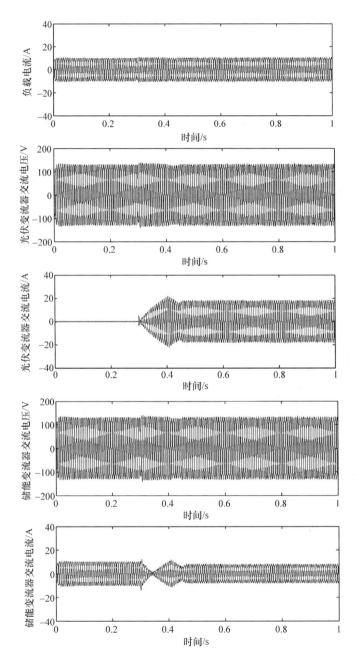

图 4.2.7　负载为 2kW 时微电网孤岛正常工作仿真波形

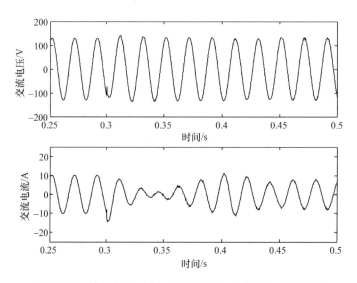

图 4.2.8　储能变流器由放电过程变为充电过程仿真波形

由图 4.2.6 可知,在 0～0.3s 只有储能变流器为负载提供功率,负载电流等于储能变流器交流电流;在 0.3s 之后接入光伏变流器,与储能变流器共同为负载提供功率,负载电流等于储能变流器交流电流和光伏变流器电流之和,当光伏变流器跟踪到最大功率点后,光伏变流器为负载提供 3.5kW 功率,同时蓄电池为负载提供 1.5kW 功率。

由图 4.2.7 可知,在 0～0.3s 只有储能变流器为负载提供功率,负载电流等于储能变流器交流电流;在 0.3s 之后接入光伏变流器,因为光伏电池最大功率为 3.5kW,所以当光伏变流器跟踪到最大功率点后,不仅为负载提供 2kW 功率,还为蓄电池提供 1.5kW 功率。与储能变流器共同为负载提供功率,负载电流等于储能变流器交流电流和光伏变流器电流之和,当光伏变流器跟踪到最大功率点后,光伏变流器为负载提供 3.5kW 功率,同时蓄电池为负载提供 1.5kW 功率。

由图 4.2.8 可知,在负载功率为 2kW 的情况下,0.3s 时光伏变流器开始运行,在 0.3s 之前,储能变流器交流电压、电流方向一致,蓄电池工作在放电状态,0.3s 后随着光伏变流器最大功率跟踪控制,储能变流器的输出电流缓慢变小,最后电流缓慢增大并且电流方向与电压方向相反,由放电状态变为充电状态。

【实验内容与步骤】

1. 实验内容

三相光储微电网孤岛情况下运行状况分析,验证控制策略。

2. 实验准备

所需主要硬件:计算机、仿真器、光伏变流器、储能变流器、三相电网、示波器等。

所需软件:CCS 3.3、LabVIEW。

3. 实验步骤

(1) 检查光伏变流器、储能变流器线路连接。

(2) 为光伏变流器、储能变流器上控制电。

(3) 打开 CCS 3.3,并利用仿真器连接 DSP 控制板。

(4) 打开光伏变流器 MPPT 程序,编译生成 .out 文件。

(5) 将生成的 .out 文件下载到 DSP 中,并且运行光伏变流器程序。

(6) 打开储能变流器孤岛控制程序,编译生成 .out 文件。

(7) 将生成的 .out 文件下载到 DSP 中,并且运行储能变流器程序。

(8) 打开上位机 LabVIEW(光储管理系统),并与光伏变流器和储能变流器通信。

(9) 利用上位机控制光储微电网处于孤岛运行状态。

(10) 记录波形。

4. 实验波形

光储孤岛状态下,蓄电池工作在 V/f 控制模式,光伏电池工作在 MPPT 控制模式。图 4.2.9 是光储微电网中负荷为零时,储能变流器交流电压、电流和功率的变化情况。其中,通道 CH1 是储能变流器交流电压,CH2 是储能变流器交流电流,CH3 是 D/A 输出的储能变流器功率变化。如图 4.2.9 所示,孤岛状态下微电网首先需要储能变流器开始运行,然后启动光伏变流器,随着光伏电池输出功率的逐渐爬升,储能变流器吸收的功率(通道 CH3)也越来越多,储能变流器的交流电流(通道 CH2)也越来越大。

图 4.2.10 是孤岛状态下微电网带负荷运行波形,负荷的功率大于光伏变流器输出的最大功率。其中,通道 CH1 是负载电压,CH4 是光伏变流器交流电流,CH5 是储能变流器交流电流,CH6 是负载电流。图 4.2.11 是光伏变流器、储能变流器和负载的 A 相电流。由图 4.2.10 和图 4.2.11 可知,负载电流等于光伏变流器输出电流和储能变流器输出电流之和,且方向相同。

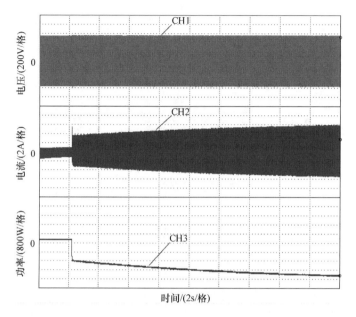

图 4.2.9　储能变流器输出波形变化

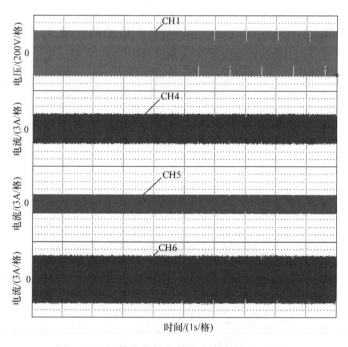

图 4.2.10　带负载的光储微电网系统运行波形

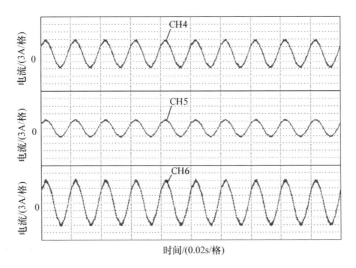

图 4.2.11　光伏变流器、储能变流器和负载交流电流波形

【思考问题】

（1）光储微电网孤岛运行状态下,储能变流器起什么作用?

（2）光储微电网孤岛运行状态下,如果是空载状态且蓄电池充满,此时光伏变流器应如何工作?

实验 4.3　三相光储发电系统并离网切换控制策略

【实验目的】

（1）了解三相光储并网孤岛切换在微电网中的重要性。

（2）理解三相光储发电系统并离网切换中光伏变流器和储能变流器的控制策略。

【实验原理】

光储微电网的应用场景中，系统期望运行在并网工况下，最大限度地利用分布式电能以及电网的支撑作用。但是，当电网出现计划孤岛（例行检修），或突然出现故障时，需要孤岛检测获取变流器工作模式自动切换指令。在储能变流器检测到孤岛指令后，其工作模式需要从并网工况切换到孤岛工况。

光储微电网孤岛运行时，当大电网故障修复，或微电网根据需要重新接入大电网并网运行时，由于微电网与大电网不同步，公共耦合点两侧可能存在电压差、频率差和相位差，这样会导致在并网的瞬间产生很大的电压、电流冲击，影响微电网的正常工作以及重要负荷的电能质量，严重时会损坏设备，甚至使整个系统瘫痪。为了消除并网时对微电网的影响，在并网之前需要使公共耦合点两端电压幅值、频率和相位一致。图 4.3.1 为光储微电网系统并离网切换运行电气结构图。

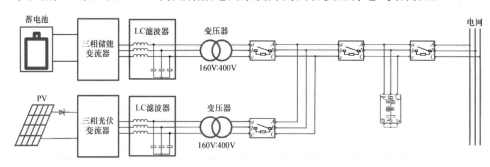

图 4.3.1　光储微电网系统并离网切换运行电气结构图

1. 并网切换孤岛控制策略

如果由并网工况控制模式直接切换到孤岛工况控制模式，可能会出现硬切换的电流冲击现象，因为变流器从单位功率因数控制切换到 V/f 控制模式时，切换前电流控制环中的 PI 控制器已经处于稳定状态，其控制器输出结果是稳定值，切换后电流控制环 PI 控制器的输出值却需要从零开始逐渐调整到稳态。变流器输出电流切换瞬间将会出现较大的波动,存在电流冲击波动较大的问题。

图 4.3.2 中,Island$_{\text{cmd}}$ 为变流器进行孤岛检测提供的指令信号;u_d、u_q、i_d、i_q 分别为三相电压、电流 Park 变换分量;i_{d_gref} 为切换前并网模式下有功电流参考量,来自有功控制外环输出;无功电流参考量 i_{q_gref} 为 0。切换到孤岛模式下 u_{d_ref}、u_{q_ref} 为有功、无功电压参考量,其电压外环控制输出为 i_{d_iref}、i_{q_iref},电流内环控制输出为 u_{d_out}、u_{q_out}。

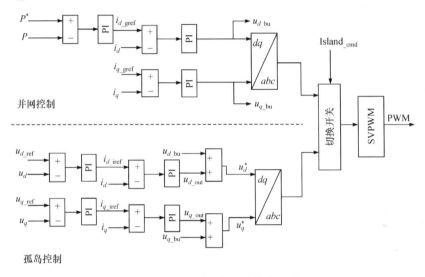

图 4.3.2　并网切换孤岛控制策略

在储能变流器的控制方式由并网控制切换到孤岛控制时,将切换前并网控制器电流环输出结果 u_{d_bu} 和 u_{q_bu} 作为补偿量加入切换后孤岛控制器电流环输出 u_{d_out} 和 u_{q_out},该方法动态调节具有连续性,能够避免模式切换造成的相关量突变。最终孤岛开始时电压输出指令值 u_d^*、u_q^* 为

$$u_d^* = u_{d\_\text{out}} + u_{d\_\text{bu}}$$
$$u_q^* = u_{q\_\text{out}} + u_{q\_\text{bu}}$$

(4.3.1)

2. 孤岛切换并网控制策略

在孤岛切换并网之前,预同步操作必不可少。当储能变流器输出的电压频率与电网一致时,与电网电压的相位不一定一致,但当储能变流器输出的电压相位与电网电压相位一致时,其频率一定是一致的。因此,可以通过检测储能变流器输出电压和电网电压的幅值与相位,使两者趋于一致,实现并网之前的预同步操作。

预同步方法如图 4.3.3 所示,图中 Set 为并网指令信号;u_{grid} 为电网电压;u_{inv} 为变流器输出电压;θ_{grid} 和 θ_{inv} 分别为电网电压相位和变流器输出电压相位;$\Delta\theta$ 为

相位差；u_{d_grid} 和 u_{d_inv} 分别为电网电压和变流器输出电压的有功分量值；Δu_d 可指示幅值差；u_{d_bu} 为幅值调整 PI 输出信号；Phase$_{cmd}$ 为相位预同步完毕信号；RMS$_{cmd}$ 为输出幅值预同步信号；θ_{ref} 为变流器孤岛控制参考相位；i_{d_ref} 为变流器电流内环控制参考量；Grid$_{on}$ 为并网指令信号以及变流器控制模式转换信号。

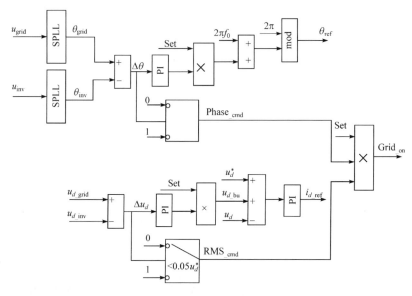

图 4.3.3　孤岛切换并网控制策略

当出现并网指令后，相位预同步利用在并网前采集的大电网侧电压 u_{grid}、储能变流器当前孤岛输出电压 u_{inv}，通过软件锁相环分别计算各自的相位电网侧电压 θ_{grid}、变流器输出电压 θ_{inv}，得到：

$$\Delta\theta = \theta_{grid} - \theta_{inv} \tag{4.3.2}$$

利用两者的相位差，经过 PI 控制器得到储能变流器的控制参考相位：

$$\theta_{ref} = \frac{\left(k_{p\theta} + \dfrac{k_{i\theta}}{s}\right)\Delta\theta + 2\pi f_0}{2\pi} \tag{4.3.3}$$

式中，θ_{ref} 为变流器参考相位，$k_{p\theta}$ 为 PI 控制器比例系数，$k_{i\theta}$ 为 PI 控制器积分系数，f_0 为电网电压基波频率（取 50 Hz）。

幅值预同步操作，幅值选取 Park 变换后计算的大电网侧电压的有功分量 u_{d_grid} 与变流器输出电压的有功分量 u_{d_inv}，得到：

$$\Delta u_d = u_{d\_grid} - u_{d\_inv} \tag{4.3.4}$$

$$u_{d\_bu} = \left(k_{pu} + \frac{k_{iu}}{s}\right)\Delta u_d \tag{4.3.5}$$

$$i_{d\_ref} = \left(k_{pi} + \frac{k_{ii}}{s}\right)(u_d^* + u_{d\_bu} - u_d) \tag{4.3.6}$$

式中，u_{d_bu} 为幅值调整 PI 输出信号，k_{pu} 为幅值调整 PI 控制器比例系数，k_{iu} 为幅值调整 PI 控制器积分系数，i_{d_ref} 为电流内环参考值，k_{pi} 为电压外环 PI 控制器比例系数，k_{ii} 为电压外环 PI 控制器积分系数，u_d^* 为电压给定参考值。

当孤岛工况 V/f 控制下储能变流器经过调整输出电压相位 θ_{inv}，使相位差满足一定的范围要求时，输出相位预同步完毕信号 $Phase_{cmd}$。当控制调整储能变流器输出电压 d 轴分量幅值 u_{d_inv} 与电网电压 d 轴分量幅值 u_{d_grid} 满足一定要求时，输出幅值预同步完毕信号 RMS_{cmd}。两者都预同步完毕后，发出公共耦合点合闸以及模式转换信号 $Grid_{on}$。

3. 光储微电网并离网切换仿真结果分析

为了验证三相光储微电网系统并离网切换控制策略的正确性和可行性，本实验搭建了三相光储微电网并离网切换仿真模型，其中储能变流器的额定功率为5kW，额定电压为160V，额定电流为17A；蓄电池的额定电压为400V，滤波电感为5mH，滤波电容为12μF；光伏变流器的额定功率为5kW，额定电压为160V，额定电流为17A，滤波电感为5mH，滤波电容为12μF；光伏电池的开路电压为472V，短路电流为12A，最大功率点电压为380V，最大功率点电流为10A；负载功率范围为0～6kW；电网线电压有效值为160V，额定频率为50Hz。三相光储孤岛系统结构如图 4.3.4 所示。

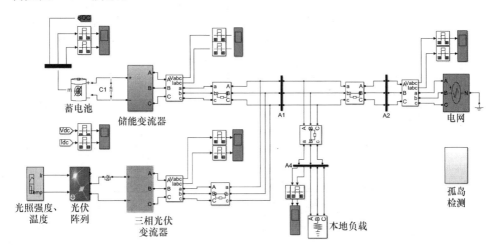

图 4.3.4　光储微电网并离网切换仿真模型

1) 并网切换孤岛仿真

图 4.3.5 为光储微电网并网切换孤岛过程的系统公共耦合点和变流器交流电

压、电流波形,图4.3.6是光储微电网并网切换孤岛过程蓄电池和光伏电池的电压、电流变化波形。本地负载不接入电网运行,图4.3.5和图4.3.6是光伏电池最大功率为3.5kW和储能变流器并网控制输出功率为5kW的系统运行波形。光储微电网与大电网并联,公共耦合点闭合,系统运行初始阶段储能变流器开始工作,当运行到0.2s时光伏变流器开始工作。光储微电网系统并网运行到0.5s时微电网与大电网断开,此时储能变流器控制策略由P/Q控制切换到孤岛状态下的恒压恒频V/f控制。仿真时间1s,其中0~0.5s光储微电网处于并网状态,0.5~1s光储微电网在孤岛状态下运行。

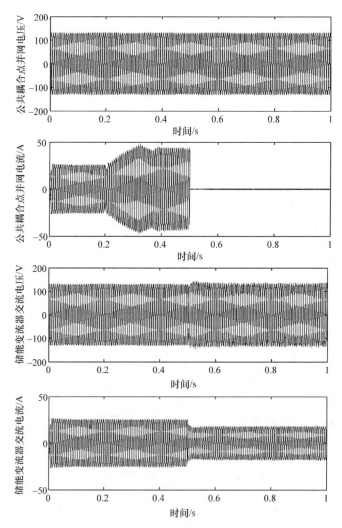

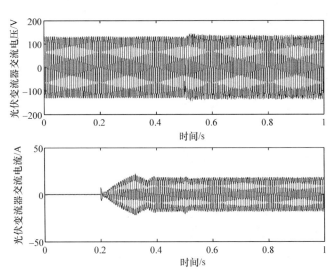

图 4.3.5　微电网并网切换孤岛交流电压、电流仿真波形

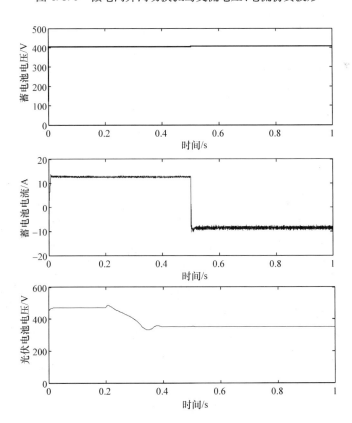

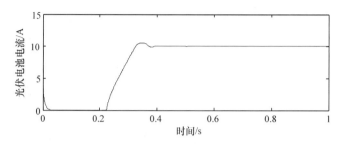

图 4.3.6　微电网并网切换孤岛蓄电池、光伏电池输出仿真波形

由图 4.3.5 可知,0~0.5s 微电网工作在并网模式,在 0~0.2s 只有储能变流器为电网提供功率,公共耦合点电网电流等于储能变流器交流电流;在 0.2s 之后接入光伏变流器,与储能变流器共同为电网提供功率,公共耦合点电流等于储能变流器交流电流和光伏变流器电流之和,当光伏变流器跟踪到最大功率点后,光伏变流器为大电网提供 3.5kW 有功功率,蓄电池为大电网提供 5kW 有功功率,当系统运行到 0.5s 时,微电网与大电网断开,光储微电网运行在孤岛模式下,此时储能变流器工作在 V/f 控制模式,维持微电网正常运行在额定电压、额定频率下。孤岛状态下储能变流器的功率流动是被动的,在 0.5s 前后,储能变流器由向大电网发送 5kW 有功功率变为吸收光伏变流器发出的 3.5kW 有功功率。由图 4.3.5 可知,在切换过程中电网电流没有冲击。图 4.3.6 为系统运行过程中蓄电池输出和光伏电池输出的变化过程,由图可知,光伏电池在 0.2~0.4s 为追踪最大功率过程,蓄电池在 0.5s 时并网切换孤岛,发送功率变为吸收功率。

2) 孤岛切换并网仿真

图 4.3.7 为光储微电网孤岛切换并网过程的系统公共耦合点和变流器交流电压、电流波形,图 4.3.8 为光储微电网孤岛切换并网过程蓄电池和光伏电池的电压、电流波形。本地负载不接入电网运行,图 4.3.7 和图 4.3.8 是光伏电池最大功率为 3.5kW 和储能变流器并网控制输出功率为 5kW 时的系统运行波形。首先光储微电网与大电网分离,公共耦合点断开,系统运行初始阶段储能变流器开始工作,处于孤岛工作模式,当运行到 0.2s 时光伏变流器开始工作。光储微电网系统并网运行到 0.5s 时微电网与大电网并联,此时储能变流器控制策略由孤岛 V/f 控制切换到并网 P/Q 控制。仿真时间 1s,其中 0~0.5s 光储微电网处于孤岛状态,0.5~1s 光储微电网处于并网状态。

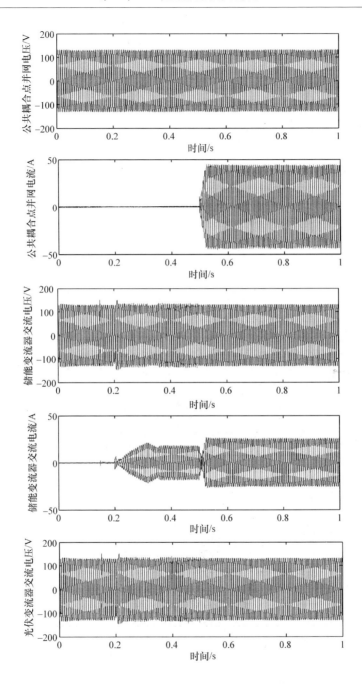

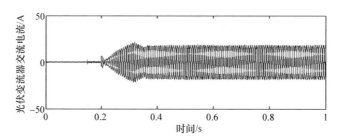

图 4.3.7　微电网孤岛切换并网交流电压、电流仿真波形

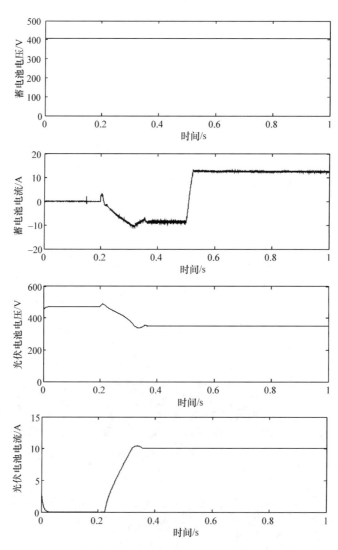

图 4.3.8　微电网孤岛切换并网蓄电池、光伏电池输出仿真波形

由图 4.3.7 可知,0~0.5s 微电网工作在孤岛模式,在 0~0.2s 只有储能变流器工作,储能变流器采用 V/f 控制,为微电网提供电压和频率;在 0.2s 之后光伏变流器开始工作,为微电网提供功率,当光伏变流器跟踪到最大功率点后,光伏电池输出 3.5kW 有功功率,蓄电池吸收 3.5kW 有功功率;当系统运行到 0.5s 时,微电网与大电网并联,光储微电网运行在并网模式下,此时储能变流器工作在并网 P/Q 控制模式,输出 5kW 有功功率。在 0.5s 前后,储能变流器由吸收光伏变流器发出的 3.5kW 有功功率变为向大电网发送 5kW 有功功率。由图 4.3.7 可知,在切换过程中电网电流没有冲击。图 4.3.8 为系统运行过程蓄电池输出和光伏电池输出的变化过程,由图可知,光伏电池在 0.2~0.4s 为追踪最大功率过程,蓄电池在 0.5s 时孤岛切换并网,吸收功率变为发送功率。

【实验内容与步骤】

1. 实验内容

三相光储微电网孤岛状态下运行状况分析,验证控制策略。

2. 实验准备

所需主要硬件:计算机、仿真器、光伏变流器、储能变流器、三相电网、示波器等。

所需软件:CCS 3.3、LabVIEW。

3. 实验步骤

(1) 检查光伏变流器、储能变流器线路连接。

(2) 为光伏变流器、储能变流器上控制电。

(3) 打开 CCS 3.3,并利用仿真器连接 DSP 控制板。

(4) 打开光伏变流器 MPPT 程序,编译生成 .out 文件。

(5) 将生成的 .out 文件下载到 DSP 中,并且运行光伏变流器程序。

(6) 打开储能变流器并离网切换程序,编译生成 .out 文件。

(7) 将生成的 .out 文件下载到 DSP 中,并且运行储能变流器程序。

(8) 记录波形。

4. 实验波形

因为光储微电网系统在并离网状态切换的过程中,只有储能变流器的控制策略改变,光伏变流器始终工作在 MPPT 控制策略,所以只需观察储能变流器的并离网切换过程波形即可。控制光伏变流器输出最大功率 0.5kW,储能变流器 P/Q

控制模式下输出功率 1.5kW,没有负载。图 4.3.9 为微电网由并网状态切换到孤岛状态时的实验波形,图 4.3.9(b)是并网切换孤岛过程放大波形。其中,通道CH1 是储能变流器交流电压,CH2 是储能变流器交流电流,CH3 是公共耦合点电流。由图可知,公共耦合点开关断开之前,公共耦合点电流是储能变流器交流电流和光伏变流器交流电流之和,当公共耦合点开关断开后,公共耦合点电流(通道CH3)瞬间变为 0,储能变流器交流电压(通道 CH1)短暂降低,然后快速稳定到额定电压,储能变流器控制策略由 P/Q 控制切换为孤岛 V/f 控制,光伏变流器发出的功率全部由储能变流器吸收。

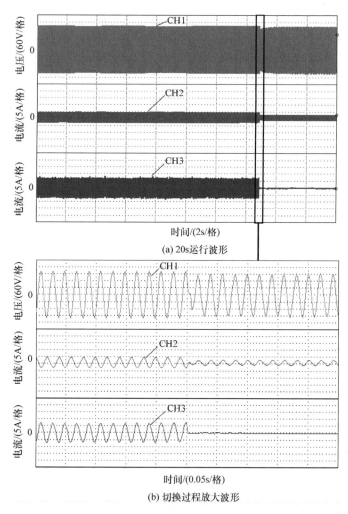

(a) 20s运行波形

(b) 切换过程放大波形

图 4.3.9 微电网并网切换孤岛的实验波形

　　图 4.3.10 是光储微电网由孤岛状态切换到并网状态过程的系统波形,同样只分析储能变流器波形。光伏变流器始终工作在 MPPT 控制策略,储能变流器的控制策略由 V/f 控制变为 P/Q 控制。控制光伏变流器输出最大功率 0.5kW,储能变流器 P/Q 控制模式下输出功率 1.5kW,没有负载。其中,通道 CH1 是储能变流器交流电压,CH2 是储能变流器交流电流,CH3 是公共耦合点电流。由图可知,公共耦合点开关闭合之前,公共耦合点电流为 0,光伏电池发出的功率全部由储能吸收,当公共耦合点开关闭合后,公共耦合点电流是储能变流器交流电流和光伏变流器交流电流之和,光伏变流器发出的功率和储能变流器发出的功率全部由电网吸收。

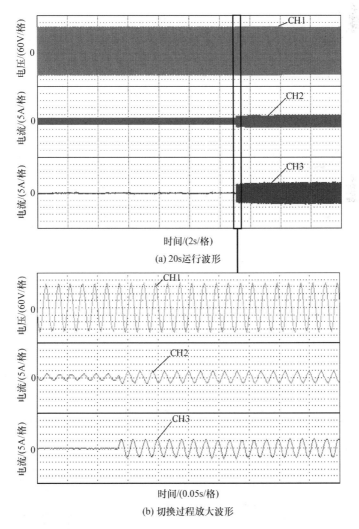

(a) 20s运行波形

(b) 切换过程放大波形

图 4.3.10　微电网孤岛切换并网的实验波形

【思考问题】

（1）光储微电网系统在并网切换孤岛过程中如果出现电流冲击，是由哪些因素引起的？

（2）光储微电网系统在孤岛切换并网时需要满足什么条件？

实验 4.4　基于虚拟同步发电机的三相光储发电系统运行控制

【实验目的】

(1) 了解虚拟同步发电机控制原理。

(2) 了解虚拟同步发电机控制应用在光储微电网系统中的优点。

(3) 了解虚拟同步发电机实现方法。

【实验原理】

在现代电力工业中,同步发电机是一种最常用的交流发电机,它广泛应用于水力发电、火力发电、核能发电及柴油机发电。

在电网中,同步发电机大都处于并联运行发电状态。同步发电机在投入并联运行以后,各机负载的分配取决于发电机的转速特性。通过调节原动机的调速器,改变发电机组的转速特性,即可改变各发电机的负载分配,控制各发电机的发电功率。而通过调节各发电机的励磁电流,可以改变各发电机无功功率分配和调节电网的电压。

大型电力系统中,同步发电机还可维持系统频率稳定和功率平衡。同步发电机组按照功能可以分为非调频机组和调频机组。非调频机组正常运行时按预先给定的负荷曲线发电,并配备调速器参与动态频率调节;调频机组主要利用同步器进行系统频率调整。

同步发电机作为电力系统主要发电设备,具有如下特点:

(1) 同步发电机具有高输出阻抗,有利于应用下垂特性进行均流;

(2) 同步发电机能够根据输出功率自动调节转速(频率);

(3) 同步发电机具有自同步功能;

(4) 同步发电机采用励磁电流调节控制,动态响应慢,限制了电压变化范围,而逆变电源的电压变化范围大;

(5) 同步发电机的输出阻抗通常为感性,输出电流的变化较缓慢,有利于对电流突变的抑制。

同步发电机具有上述诸多优良特性,如果能将这些特性引入分布式发电技术,必将提高分布式发电的性能,因此虚拟同步发电机的思想应运而生。

虚拟同步发电机的思想来自美国对微电网领域的研究,即通过向分布式发电(distributed generation,DG)单元中引入储能系统,并配合以相应的控制策略,将虚拟旋转量引入分布式发电单元,从而使分布式发电单元可以在电网暂态过程中具有虚拟同步发电机特性,为电网稳定性做出贡献,提高大电网对大规模分布式发电单元的接纳性。虚拟同步发电机基本思想如图 4.4.1 所示。

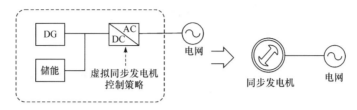

图 4.4.1　虚拟同步发电机基本思想

我国也在积极从事虚拟同步发电机的研究,研究方向侧重于变流器并联工作,即通过对分布式发电单元引入同步发电机特性,使分布式发电逆变电源更易并联组网,并可将电力系统多年累积的基于同步发电机的控制策略、调度方法、理论分析方法引入该新型逆变电源中,方便电网的统一运行与调度。

1. 虚拟同步发电机特性控制原理

通过将同步发电机的方程引入储能电池变流器中,采用类似同步发电机的控制器理论对整个光伏并网发电系统进行设计,从而实现整个系统的同步发电机特性。系统的控制原理如图 4.4.2 所示。

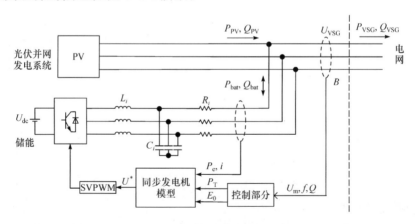

图 4.4.2　虚拟同步发电机原理图

图 4.4.2 中,B 点为基于虚拟同步发电机的光伏并网发电系统并网点;U_{VSG} 为系统具有同步发电机特性的输出电压;P_{PV} 和 Q_{PV} 分别为光伏发电单元发出的有功功率和无功功率;P_{bat} 和 Q_{bat} 分别为蓄电池与光伏发电单元交互的有功功率和无功功率;P_{VSG} 和 Q_{VSG} 分别为光伏并网发电系统向电网输送的有功功率和无功功率,即虚拟同步发电机向电网输送的功率;L_i 和 C_i 分别为储能变流器低通 LC 滤波器的滤波电感和滤波电容,R_i 为线路电阻($i=a,b,c$);U_{dc} 为直流电压;U_m、f 和 Q 分

别为 B 点处的端电压幅值、系统频率和无功功率；P_e、P_T 和 E_0 分别为蓄电池输出有功功率(虚拟同步发电机的输出电磁功率)、原动机提供的机械功率和励磁电动势幅值；i 为蓄电池输出电流；U^* 为 SVPWM 控制算法的指令电压。

虚拟同步发电机控制系统主电路采用三相电压源型变流器。实现同步发电机输出特性的控制流程为：以图 4.4.2 中光伏并网发电系统并网点 B 电压为控制目标，通过测量与计算系统并网点 U_{VSG} 处的电压信号与无功功率值，将其作为控制部分的输入，经控制部分控制与计算可以获得同步发电机本体模型所需要的 P_T 和 E_0；同时测量蓄电池输出有功功率与电流作为 P_e 和 i，将这些信号代入同步发电机模型可以合成虚拟同步发电机的端电压，此电压反映系统并网点特性。经过对此电压信号进行控制，可以得到具有同步发电机输出特性的电压信号，将该信号作为参考值与实际电压信号测量值送入 PI 控制器进行比较，将控制器输出送入 SVPWM 算法实现整个系统的闭环控制。同步发电机的变流器本体建模方法将在下面详细介绍。

2. 虚拟同步发电机本体建模

同步发电机有二阶、三阶、四阶、五阶、六阶等不同模型，对于不同的实际问题和分析工具，其模型有不同程度的简化。实现同步发电机的基本响应特性，即可以通过自动调整自身输出来维持电力系统功率平衡、电压频率稳定的功能，并能体现并联发电时转动惯量的作用以及大输出阻抗的特点。

基于以上特性的实现以及简化模型的需要，虚拟同步发电机本体建模采用同步发电机的二阶机电暂态模型，其包括定子电压方程(4.4.1)以及转子机械方程(4.4.2)：

$$\dot{E}_0 = \dot{U} + \dot{I}R_a + \mathrm{j}\dot{I}X_s \tag{4.4.1}$$

$$J\frac{\mathrm{d}\Omega}{\mathrm{d}t} = M_T - M_e \tag{4.4.2}$$

式中，$\dot{E}_0$ 为励磁电动势；$\dot{U}$ 为电枢端电压；$\dot{I}$ 为电枢电流；R_a 为电枢电阻；X_s 为同步电抗；J 为转动惯量；Ω 为机械角速度；M_T 为机械转矩；M_e 为电磁转矩。

此实用模型可以包含电机转子机械特性和定子电气特性，并能有效避免复杂的电磁暂态过程，减少影响逆变电源输出特性的因素，提高模型实用性。

由电角度与机械角度的关系 $\omega = p\Omega$，取极对数 $p=1$，并以同步旋转轴为参考轴，对式(4.4.2)进行变形，得到建模所采用的以电角度表示的转子运动方程：

$$\begin{cases} J\dfrac{\mathrm{d}\omega}{\mathrm{d}t} = J\dfrac{\mathrm{d}(\omega - \omega_N)}{\mathrm{d}t} = M_T - M_e = \dfrac{1}{\omega}(P_T - P_e) \\ \omega = \dfrac{\mathrm{d}\theta}{\mathrm{d}t} \end{cases} \tag{4.4.3}$$

式中，ω 为电角速度；ω_N 为同步电角速度；P_T 为机械功率；P_e 为电磁功率；θ 为电角度。

式(4.4.1)～式(4.4.3)均采用有名值，其中各个量的单位均为国际标准单位。

采用式(4.4.1)、式(4.4.3)建立的虚拟同步发电机本体原理图如图 4.4.3 所示。

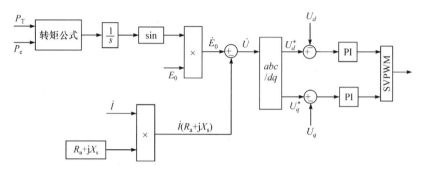

图 4.4.3　虚拟同步发电机本体原理图

系统合成虚拟同步发电机端电压具体流程为：

(1) 合成虚拟同步发电机励磁电动势。由转矩公式(4.4.3)计算出系统的角速度 ω，通过对其积分得到相位角 θ，以励磁电动势 A 相为参考向量，其初相为零，则其相位为 ωt，将其取正弦函数 sin，并乘以由励磁控制器得到的励磁电动势幅值 E_0，即可得到 A 相励磁电动势向量。同理，分别将积分得到的相角 θ 滞后 120° 与 240°，可得到励磁电动势 B 相与 C 相向量，至此得到式(4.4.1)中的 $\dot{E}_0$。

(2) 合成虚拟同步发电机定子线路压降。如图 4.4.3 中下半部分所示，$R_a + jX_s$ 为设定的虚拟电枢电阻与同步电抗值，以储能变流器输出电流 $\dot{I}$ 作为电枢电流，与虚拟阻抗相乘得到线路压降。

(3) 合成虚拟同步发电机端电压。由式(4.4.1)可得 $\dot{U} = \dot{E}_0 - \dot{I}(R_a + jX_s)$，将步骤(1)、(2)得到的结果进行代数运算即可得到 $\dot{U}$，再将其作为参考值进行 abc/dq 变换与实际端电压值进行比较，经 PI 控制器输出到 SVPWM 调制生成相应的逆变桥脉冲信号，完成整个系统的闭环控制，从而在光伏并网发电系统并网输出点得到具有同步发电机特性的并网电压。

1) 转子机械方程仿真实现

转子机械方程体现转矩不平衡对同步发电机转速的作用，是同步发电机实现功率调整的关键。如前所述，取极对数 $p=1$，则通过转子机械方程计算的机械角速度 Ω 即电角速度 ω。

将转子运动方程(4.4.3)进行变形：

$$J\frac{\mathrm{d}(\omega - \omega_N)}{\mathrm{d}t} = \frac{1}{\omega}(P_T - P_e) \tag{4.4.4}$$

$$\frac{\mathrm{d}(\omega-\omega_{\mathrm{N}})}{\mathrm{d}t}=\frac{1}{J}\cdot\frac{1}{\omega}(P_{\mathrm{T}}-P_{\mathrm{e}}) \tag{4.4.5}$$

$$\omega=\int\frac{1}{J}\cdot\frac{1}{\omega}(P_{\mathrm{T}}-P_{\mathrm{e}})\mathrm{d}t+\omega_{\mathrm{N}} \tag{4.4.6}$$

采用式(4.4.6)搭建的机械方程仿真结构如图 4.4.4 所示。

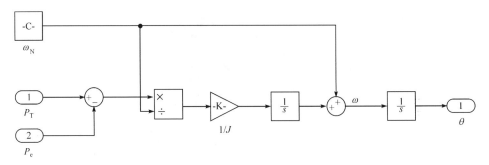

图 4.4.4　机械方程仿真图

如图 4.4.4 所示,机械方程以调速器得到的原动机机械功率 P_{T} 和计算所得的变流器输出有功功率 P_{e} 作为输入,将二者作差得到功率差,除以 ω 得到转矩偏差。由于发电机在实际运行时,角速度在额定值附近变化很小,所以在不影响系统功能实现的前提下,采用同步电角速度 ω_{N} 代替 ω 作为除数得到转矩差,如图 4.4.4 所示。将转矩差乘以 $1/J$ 引入转动惯量,最后进行积分得到角速度变化量,与同步电角速度相加得到电角速度 ω。

2) 定子电压方程仿真实现

本节介绍虚拟同步发电机电压方程中电枢电阻以及同步电抗的引入方法。采用电压方程的向量表达式来搭建公式,这样使得物理意义更加明确,系统结构更加直观。电枢电阻和同步电抗的引入如图 4.4.5 所示。

如图 4.4.5 所示,以 A 相为例,通过将采集的时域电流信号 i_a 进行幅值与相角的分解,可得到向量表示的 $\dot{I}_a$:

$$\dot{I}_a=I_a\angle\phi_i \tag{4.4.7}$$

同理,以 R_a 作为实部、$X_s=\omega L_s$ 作为虚部合成阻抗向量:

$$\boldsymbol{Z}=R_a+\mathrm{j}X_s=|Z|\angle\phi_Z \tag{4.4.8}$$

则由向量乘法公式可得

$$\dot{I}_a\cdot\boldsymbol{Z}=I_a|Z|\angle(\phi_i+\phi_Z) \tag{4.4.9}$$

将电流、阻抗向量进行模值相乘与相角相加计算后,得到向量形式的电压降,其相角经由 sin 函数计算,并与模值相乘可以重新得到时域形式的电压降输出,与前级得到的励磁电动势进行时域下的减法运算,得到虚拟同步发电机电压。封装后的仿真结构如图 4.4.6 所示,并对应于图 4.4.3 中的流程。

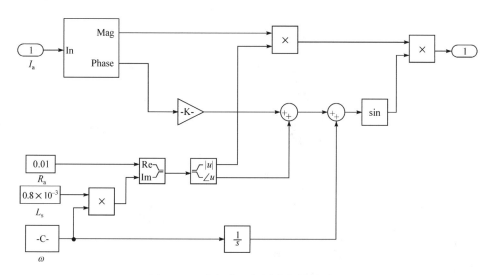

图 4.4.5　电枢电阻与同步电抗的引入

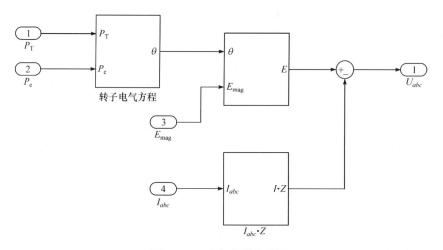

图 4.4.6　电气方程仿真图

3. 功频控制器

1) 有功功率平衡与频率控制原理

频率是衡量电能质量的一个重要指标,保证电力系统的频率合乎标准是电力系统运行调整的一项基本任务。

电力系统频率是依靠其内部并联运行的所有发电机机组发出的有功功率总和与系统内所有负荷消耗的有功功率总和之间的平衡来维持的。当系统内并联运行的机组发出的有功功率总和等于系统内所有负荷在额定频率所消耗的有功功率总和时,系统就运行在额定频率。当系统中负荷出现突然变化时,上述平衡关系遭到破坏,系统的频率就会偏离额定值。

上述功率平衡关系可由发电机转速与频率的关系解释。发电机的转速是由作用在机组转轴上的转矩(或功率)平衡所确定的。原动机输入的功率扣除励磁损耗和各种机械损耗后,如果能同发电机输出的电磁功率严格地保持平衡,发电机的转速就恒定不变。但是,发电机输出的电磁功率是由系统的运行状态决定的,全系统发电机输出的有功功率的总和,在任何时刻都与系统的有功功率负荷(包括各种用电设备所需的有功功率和网络的有功功率损耗)相等。由于电能不能存储,负荷功率的任何变化都会立即引起发电机输出电磁功率的相应变化。此时电磁功率与原动机的输入机械功率失衡,由发电机转子运动方程可得,发电机转速发生变化,必将导致频率出现波动。

电力系统频率的变化,对电力用户的生产率以及电力系统的正常运行都有直接的影响。对于电力用户,频率的变化会引起异步电动机转速的变化,有些产品对加工机械的转速要求很高,转速不稳定会影响产品质量,甚至会出现次品和废品,如造纸业生产的纸张厚薄不均、纺织业织出的布匹出现疵点等。对于电力系统运行,频率的下降会使发电厂中许多重要常用设备如水泵、循环水泵、送风机和吸风机等出力降低,造成水压、风力不足,使火电厂锅炉和汽轮机的出力随之降低,从而使发电机的有功出力下降。如果这种现象不能及时控制,将会在短时间内使电力系统频率急剧下降而不能制止,造成大面积停电,甚至使整个系统瓦解。因此,电力系统运行控制的主要任务之一,就是要及时调节系统内并联运行的发电机组出力,从而维持系统有功功率平衡,使电力系统频率在允许范围之内,保证电力系统运行的稳定性。

在电力系统运行中,由同步发电机组的调速器调整系统中频繁变化的负荷所引起的频率偏移。当系统的有功功率平衡遭到破坏,引起频率偏移时,发电机调速系统工作,通过改变原动机进气量(或进水量),调节发电机组的出力以适应负荷的需要,使得系统有功功率重新达到平衡。在调速器工作时,其内部机械杠杆平衡特性会使系统在调节过程结束并建立新的稳态时,转速(频率)不同于初始值,表现为对应负荷增大的情况,使发电机输出功率增加,频率低于初始值;对应负荷减小的情况,机组输出功率减小,频率高于初始值。这种有差调节即电力系统中的频率一次调整。反映同步发电机调速特性的曲线称为发电机组功频静特性曲线,如图 4.4.7 所示。

图 4.4.7 中,设发电机初始时刻运行于额定工作点 a,对应额定频率 f_N,此时发电机输出功率为 P_N;当系统负荷增加而使频率下降到 f_1 时,由于调速器的作用使发电机组输出功率增加到 P_1,使得发电机稳定工作于图中 b 点。可见,对应于下降的频率 Δf,发电机组输出有功功率增加 ΔP,体现出一种下垂调节特性。

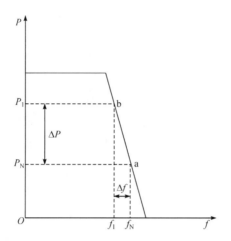

图 4.4.7　发电机组功频静特性曲线

以功频静特性曲线的斜率表示发电机组输出有功功率与频率之间的关系,可得

$$R=-\frac{f_{\mathrm{N}}-f_1}{P_{\mathrm{N}}-P_1}=-\frac{\Delta f}{\Delta P} \tag{4.4.10}$$

式中,R 为发电机组的调差系数,取负号是由于习惯采用正值表示频率与功率相反的变化趋势。电力系统中常用标幺值表示调差系数:

$$R_*=-\frac{\Delta f/f_{\mathrm{N}}}{\Delta P/P_{\mathrm{N}}}=-\frac{\Delta f_*}{\Delta P_*}=R\frac{P_{\mathrm{N}}}{f_{\mathrm{N}}} \tag{4.4.11}$$

式中,f_{N} 和 P_{N} 分别为额定频率和发电机组的额定有功功率。

R_* 为反映同步发电机调速器性能的重要参数,可以人为设定,但其调整范围受机组调速机构的限制,在电力系统中,一般情况下,对于汽轮发电机组,$R_*=0.04\sim0.06$;对于水轮发电机组,$R_*=0.02\sim0.04$。通过使并联的同步发电机组调差系数 R_* 取值一致,可使系统负荷波动在并联运行的发电机组中合理分配,共同实现频率的一次调节,从而保持系统频率稳定。以两台并联的发电机组 1、2 向负荷供电为例,当负荷波动时,设发电机组输出的功率变化量分别为 ΔP_1 和 ΔP_2,由于并联运行,则频率变化量 $\Delta f_1=\Delta f_2$,即 $\Delta f_{1*}=\Delta f_{2*}$。通过式(4.4.11)可得

$$\frac{\Delta P_{1*}}{\Delta P_{2*}}=\frac{R_{2*}}{R_{1*}} \tag{4.4.12}$$

由式(4.4.12)可知,发电机组间的功率分配与机组的调差系数成反比,调差系数小的机组承担的负荷增量标幺值就会增大,而调差系数大的机组承担的负荷增量标幺值就会变小,则当选取 $R_{1*}=R_{2*}$ 时,$\Delta P_{1*}=\Delta P_{2*}$,从而有

$$\frac{\Delta P_1}{\Delta P_2}=\frac{P_{1\mathrm{N}}}{P_{2\mathrm{N}}} \tag{4.4.13}$$

由式(4.4.13)可知,通过调整并联同步发电机组调差系数一致可使发电机组按自身容量承担系统负荷的变化,共同实现频率的一次调整。

2) 功频控制器设计

参照同步发电机调速器工作原理,虚拟同步发电机的功频控制器如图 4.4.8 所示。

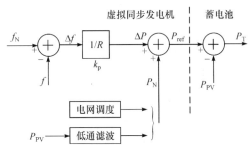

图 4.4.8　功频控制器

图 4.4.8 中,f_N 为设定的系统额定频率;f 为系统实际频率;k_p 为比例调节系数;P_N 为设定的虚拟同步发电机输出功率参考值;P_{ref} 为整个光伏并网发电系统输出功率指令值;P_{PV} 为光伏发电单元依照最大功率跟踪控制策略输出的有功功率;P_T 为虚拟同步发电机控制算法中原动机的机械功率,同时也作为蓄电池输出功率指令值。

图 4.4.8 中虚线左侧为光伏并网发电系统整体功率控制环节,其输出 P_{ref} 减去光伏发电单元输出有功功率 P_{PV} 可以实现对并联于光伏发电单元交流侧的蓄电池系统单独控制,将功率调节量明确分配给蓄电池,即转子的机械方程在蓄电池中单独实现,如图中虚线右侧所示。采用这种控制结构可以有效避免光伏发电单元与储能蓄电池之间产生环流,同时有利于功率平抑功能的实现。

选取不同的 P_N 值可以使虚拟同步发电机光伏并网发电系统工作于频率调节状态,反映同步发电机输出特性,或者实现对光伏发电输出功率的平抑。这两种工作方式实现过程如下。

(1) 频率调节功能。对应此种控制情况,P_N 取值依照传统电力系统的功率调度指令,即通过负荷预测、分布式发电预测综合计算,并在考虑储能电池的容量下使整个光伏并网发电系统输出功率与负荷所需平衡。

依照调差系数公式(4.4.10),通过在控制器中引入比例调节 $k_p = 1/R$ 来实现调速器的频率一次调整,当系统负荷变动导致有功功率平衡被打破,频率出现偏差 Δf 时,依照式(4.4.10)计算出原动机需要输出功率的指令值 P_{ref}:

$$P_{ref} = k_p \cdot \Delta P + P_N = \frac{\Delta f}{R} + P_N \tag{4.4.14}$$

式中，$\Delta f = f_N - f$。将计算得到的功率指令值 P_{ref} 减去光伏发电单元输出的不可调度的有功功率 P_{PV} 即得到由蓄电池承担的功率调节量 P_T，其作为原动机机械功率指令值输入虚拟同步发电机机械方程中。

(2) 功率平抑功能。对应此种控制情况，对光伏发电单元依据 MPPT 控制下输出的有功功率 P_{PV} 进行低通滤波，将滤波后的功率值作为 P_N 送入功频控制器，如图 4.4.8 所示。低通滤波器用于滤除光伏发电单元输出功率中对电网影响较大的高频成分。

为便于分析，考虑系统负荷没有波动的情况，此时 $f = f_N = 50\ \mathrm{Hz}$，$\Delta P = 0$。将 $P_{ref} = P_N$ 作为光伏并网发电功率的指令值，其为经过滤波后平滑的功率曲线。则通过公式

$$P_T = P_{ref} - P_{PV} \tag{4.4.15}$$

可以得到蓄电池输出功率指令值，蓄电池工作状态如下：

$P_{ref} > P_{PV}$，$P_T > 0$ 表示蓄电池输出功率以弥补并网功率的不足；

$P_{ref} < P_{PV}$，$P_T < 0$ 表示蓄电池吸收功率以削减并网功率多余部分；

$P_{ref} = P_{PV}$，$P_T = 0$ 表示蓄电池处于不工作状态，与系统交换功率为零。

综上所述，在蓄电池容量允许的情况下，通过合理选定 P_N 的取值，可以使功频控制器实现功率平抑与频率调节双重功能，当调节量超出储能系统容量时，需采取投入其他发电单元或切除负荷等手段来维持系统频率稳定。

4. 励磁控制器

1) 无功功率平衡与电压控制原理

电压是衡量电力系统电能质量的重要标准，电压过高或过低，都将对人身安全及用电设备产生重大影响。保证用户的电压接近额定值是电力系统运行调度的基本任务之一。当系统的电压偏离允许值时，电力系统必须应用电压调节技术调节系统电压的大小，使其维持在允许的范围内。

电力系统电压水平主要由电力系统中的无功功率平衡维持，电力系统无功功率平衡关系可表示为

$$\sum Q_G = \sum Q_L + \sum \Delta Q \tag{4.4.16}$$

式中，Q_G 为无功电源向系统供给的无功功率；Q_L 为负荷消耗的无功功率；ΔQ 为电力系统中变压器、线路中损耗的无功功率。

在电力系统中，无功电源产生的无功功率总和在任意时刻都等于系统消耗的无功功率总和，即在任意时刻系统无功功率都保持平衡。但是，无功功率平衡并不一定在额定电压水平下实现，这一运行特性可由系统无功负荷静态电压特性进行分析，如图 4.4.9 所示。

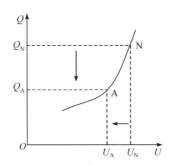

图 4.4.9　无功负荷静态电压特性

假设系统在额定电压 U_N 下所消耗的无功功率为 Q_N,则当系统无功电源提供的无功功率 $\sum Q_G = Q_N$ 时,电网可以维持在额定电压 U_N 下运行;当系统无功电源提供的无功功率 $\sum Q_G < Q_N$ 时,受无功功率平衡关系的制约,电网电压会自动降低,此时电网电压 $U_A < U_N$,如图 4.4.9 中 A 点所示。同理,当系统无功电源发出的无功功率 $\sum Q_G > Q_N$ 时,电网电压将高于额定电压 U_N。由上述分析可知,系统无功电源发出的无功功率偏离系统在额定电压下的无功需求越大,系统实际运行电压偏离额定电压就越大。

电力系统电压偏离额定值会对电力用户和电力系统本身造成危害。对于电力用户,电压偏高或偏低,将会对用电设备造成不良影响,以异步电动机为例,当电压降低时,转矩会对电压的平方呈正比例下降,造成电动机转速降低,若不加控制将会导致生产的产品报废。当电压过高时,电动机、变压器等设备的铁心饱和、铁耗增大、激磁电流增大,导致电机过热,效率降低,波形破坏。对于电力系统本身,电压降低会使网络中的功率损耗和能量损耗加大,电压过低还可能危及电力系统运行的稳定性。在系统中无功功率不足、电压水平低的情况下,某些枢纽变电所在母线电压发生微小扰动的情况下,顷刻之间会造成电压大幅度下降的电压崩溃现象,其可能导致发电厂之间失去同步,造成整个系统瓦解的重大停电事故。

综上所述,电力系统电压控制非常必要,而要想维持电力系统运行在额定电压下,就必须控制电力系统中无功电源发出的无功功率等于电力系统负荷在额定电压时消耗的无功功率。同步发电机作为系统中主要的无功电源,其无功输出可由励磁控制系统控制,因此应合理分配电力系统中并联运行发电机输出无功功率,维持系统无功平衡,保证电压运行在允许变化范围之内。

当同步发电机并联于无穷大系统时,可以通过调节发电机励磁电流大小而改变励磁电动势大小,从而控制发电机输出无功功率的大小。然而,在实际运行中,与发电机并联的电力系统并不是真正意义上的无穷大系统,系统电压将随系统负荷的变化而变化,此时发电机输出功率不仅与发电机的励磁电流有关,还与发电机的端电压(即系统电压)有关,并且影响与之并联运行机组输出的无功功率。因此,同步发电机的励磁系统需要具有合理分配并联运行机组间无功功率的作用,从而维持系统电压稳定。

发电机通过其励磁调节系统中的调差环节来改变发电机外特性,从而实现合理分配系统无功负荷的目的。定义电压调差系数 δ:

$$\begin{cases} \delta = -\dfrac{U_2 - U_1}{Q_2 - Q_1} = -\dfrac{\Delta U}{\Delta Q} \\[2mm] \delta_* = -\dfrac{\Delta U/U_N}{\Delta Q/Q_N} = -\dfrac{\Delta U_*}{\Delta Q_*} = \delta\dfrac{Q_N}{U_N} \end{cases} \tag{4.4.17}$$

式中,U_N 和 Q_N 分别为额定电压和发电机组的额定无功功率,δ_* 为标幺值。在实际运行时,一般取调差系数 $\delta > 0$,称为正调差,对应调节特性曲线向下倾斜,如图 4.4.10 所示。

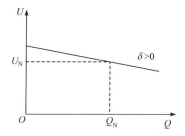

图 4.4.10　同步发电机电压调节特性

采用这种调差方式,可以使发电机具有下垂的外特性,即具有系统电压下降而无功电流增加的特性,易于发电机并联的稳定运行,并能够实现无功负荷的合理分配。以两台并联运行的发电机组为例,如果出现无功负荷增加,导致母线电压下降,那么根据调差系数的定义,两台机组分别承担的无功功率变化为

$$\begin{cases} \Delta Q_{1*} = \Delta U_* / \delta_{1*} \\ \Delta Q_{2*} = \Delta U_* / \delta_{2*} \end{cases} \tag{4.4.18}$$

因此,两台正调差特性机组并联运行时,当无功负荷扰动时,机组之间的无功分配与调差系数的大小成反比,调差系数小的分配到的无功功率多,而调差系数大的分配到的无功功率少;如果要求无功负荷的变化量按各机组的容量分配,则每台机组的调差系数必须相等。在电力系统实际运行中,为了稳定分配各机组之间的无功功率,调差系数 δ_* 一般取值为 $3\% \sim 5\%$。

2) 励磁控制器设计

参考同步发电机的励磁控制系统,本节设计了虚拟同步发电机的励磁控制器,如图 4.4.11 所示。

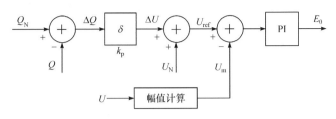

图 4.4.11　励磁控制器

图 4.4.11 中，Q_N 为等效的虚拟同步发电机光伏并网系统输出的无功功率额定值；Q 为实际系统输出的无功功率；k_p 为比例调节系数；U_N 为设定的系统额定电压幅值；U_{ref} 为虚拟同步发电机光伏并网系统输出电压幅值的指令值，即并网电压幅值；U 为测得的实际并网电压信号；U_m 为经计算得到的实际并网电压幅值；E_0 为虚拟同步发电机算法中的励磁电动势幅值。

通过取比例调节系数 $k_p = \delta$，将电压调差系数引入励磁控制器中，从而得到励磁控制器调节电压公式：

$$U_{ref} = k_p \cdot \Delta Q + U_N = \delta \cdot (Q_N - Q) + U_N \tag{4.4.19}$$

由式(4.4.19)可知，当系统无功负荷变动时，Q 偏离额定无功功率 Q_N，通过调差系数得到端电压幅值指令值 U_{ref}，与测得的虚拟同步发电机端电压幅值 U 比较，经过 PI 控制器，得到励磁电动势的幅值 E_0 作用于虚拟同步发电机本体模型，从而实现对端电压的闭环控制。采用此控制方法，可通过励磁控制器对同步发电机输出无功功率的调节作用，使虚拟同步发电机并网电压随其输出无功功率而呈现相反的变化趋势，即获得同步发电机的下垂特性，益于系统的并联运行，并可通过调整 k_p 的取值使并联运行的发电机组可以合理分配系统负荷的无功功率，维持系统电压稳定。

5. 孤岛带载切换并网控制

虚拟同步电机工作在孤岛模式时，通过锁相环对电网电压的幅值、频率、相位进行实时监测，当监测到电网的电压和频率恢复到并网标准时，开始进行并网预同步控制。虚拟同步电机在孤岛模式下带载运行时，由于受 LC 滤波器的影响，变流器的输出电压并不会和桥臂电压的基波分量重合，而是随着负载的增大，两者相位差越来越大。

虚拟同步电机并网预同步控制框图如图 4.4.12 所示，先利用锁相环计算出电网电压相位角，再利用该相位角对变流器输出电压进行 dq 变换，将 q 轴电压经 PI 调节器产生频率调节量 $\Delta\omega$，最后将 $\Delta\omega$ 叠加到虚拟同步电机功频调节器输出的频率上，该频率接入点在有功控制单元之后，因此不会受转动方程的影响，能够实现快速同步。当并离网控制单元检测到虚拟同步电机输出电压幅值、频率、相位与电

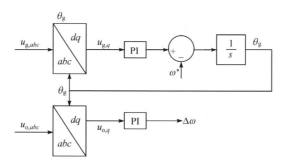

图 4.4.12　虚拟同步电机并网预同步控制图

网电压同步时,并离网控制单元发出并网开关闭合指令,当开关合并后令 $\Delta\omega=0$,
切除预同步控制。

【实验内容与步骤】

1. 实验内容

验证基于虚拟同步发电机的光储发电系统控制策略。

2. 实验准备

所需主要硬件:计算机、仿真器、光伏变流器、储能变流器、三相电网、示波
器等。

所需软件:CCS 3.3、LabVIEW。

3. 实验步骤

(1) 检查光伏变流器、储能变流器线路连接。

(2) 为光伏变流器、储能变流器上控制电。

(3) 打开 CCS 3.3,并利用仿真器连接 DSP 控制板。

(4) 打开光伏变流器 MPPT 程序,编译生成 .out 文件。

(5) 将生成的 .out 文件下载到 DSP 中,并且运行光伏变流器程序。

(6) 打开储能变流器虚拟同步机程序,编译生成 .out 文件。

(7) 将生成的 .out 文件下载到 DSP 中,并且运行储能变流器程序。

(8) 打开上位机 LabVIEW(光储管理系统),并与光伏变流器和储能变流器
通信。

(9) 利用上位机控制光伏变流器和储能变流器。

(10) 记录波形。

4. 实验波形

实验中储能变流器采用虚拟同步发电机控制策略,光伏变流器采用 MPPT 控制策略,所以在基于虚拟同步发电机的光储微电网中主要验证储能变流器性能,系统在与大电网并离网过程始终保持储能变流器控制策略不变。图 4.4.13 是储能变流器的运行、预同步和并网过程。其中,通道 CH1 是大电网线电压,CH2 是储能变流器交流电压,CH3 是储能变流器交流电流。图 4.4.13(b)和(c)是图 4.4.13(a)的区域放大部分,其中图 4.4.13(b)是变流器输出电压与电网电压的预同步过程,图 4.4.13(c)是储能变流器与大电网并联过程。储能变流器运行过程中检测到并网点电网电压后开始并网预同步,经过预同步调节过程,虚拟同步发电机的输出电压相位和电网电压相位逐渐相同,储能变流器符合并网条件,如图 4.4.13(b)所示。并网条件符合后开始并网,此时变流器交流电压完全被大电网钳位,并且并网瞬间几乎没有电流冲击,如图 4.4.13(c)所示。由于虚拟同步发电机在并离网模式下均做电压源控制,无须进行控制模式的转换,所以并网过程无缝且平滑。

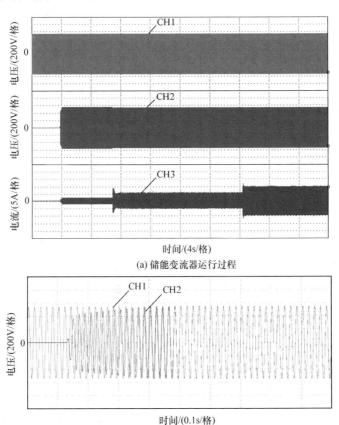

(a) 储能变流器运行过程

(b) 储能变流器预同步过程

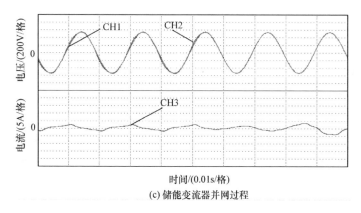

时间/(0.01s/格)

(c) 储能变流器并网过程

图 4.4.13　储能变流器运行、预同步和并网过程

　　图 4.4.14 是储能变流器并网运行过程中快速改变功率的运行波形。其中,通道 CH2 是储能变流器交流电压,CH3 是储能变流器交流电流,CH6 是 D/A 输出的功率变化信号。虚拟同步发电机并网运行时,光伏发电功率参考值在某一时刻突降 3kW 功率运行一段时间后又突增 3kW,虚拟同步机的暂态调节过程如图 4.4.14所示,从电流曲线和功率曲线可以看出,由于虚拟转动惯量的存在,其功率超调小,变化过程平滑缓慢,实验与理论一致。

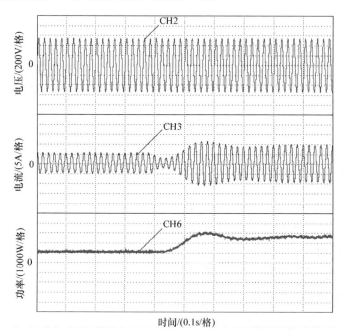

时间/(0.1s/格)

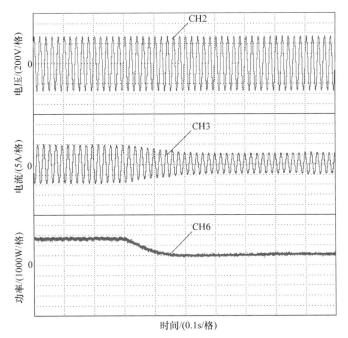

图 4.4.14 基于虚拟同步机的储能变流器并网变功率过程

图 4.4.15 是储能变流器的并网切换孤岛过程。其中,通道 CH1 是大电网线电压,CH2 是储能变流器交流电压,CH3 是储能变流器交流电流。图 4.4.15(b)是图 4.4.15(a)的区域放大部分,显示了储能变流器与大电网脱离的过程,储能变流器与大电网可以快速脱离,并且离网瞬间几乎没有冲击电流,电网波形保持不变。由于虚拟同步发电机在并离网模式下均做电压源控制,无须进行控制模式的转换,脱网过程无缝且平滑。

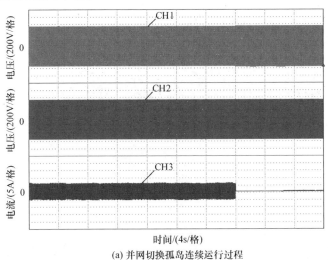

(a) 并网切换孤岛连续运行过程

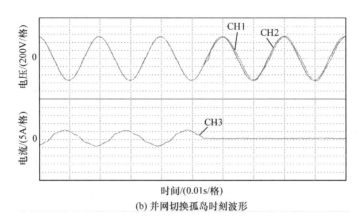

(b) 并网切换孤岛时刻波形

图 4.4.15　储能变流器并网切换孤岛运行过程

【思考问题】

（1）基于虚拟同步发电机控制策略与 P/Q 和 V/f 控制策略的区别是什么？有哪些优势？

（2）基于虚拟同步发电机主要是模拟同步发电机的哪些功能？

参 考 文 献

毕大强,赵润富,葛宝明. 2014. 直流微电网能量控制策略的研究. 电源学报,51(1):1-7.

毕大强,范柱烽,解东光,等. 2015. 海岛光储直流微电网自治控制策略研究. 电网技术,39(4): 886-891.

毕大强,周稳,戴瑜兴,等. 2016. 交直流混合微电网中储能变流器无缝切换策略. 电力系统自动化,40(10):84-89.

范柱烽,毕大强,任先文,等. 2015. 光储微电网的低电压穿越控制策略研究. 电力系统保护与控制,43(2):6-12.

耿华,刘淳,张兴,等. 2014. 新能源并网发电系统的低电压穿越. 北京:机械工业出版社.

国家电网公司. 2009. 风电场接入电网技术规定. Q/GDW 1392—2015. 北京:国家电网公司.

国家能源局. 2013. 光伏发电站低电压穿越检测技术规程. NB/T 32005—2013. 北京:新华出版社.

国家能源局. 2014. 风电机组低电压穿越能力测试规程. NB/T 31051—2014. 北京:新华出版社.

国家质量监督检验检疫总局,中国国家标准化管理委员会. 2013. 光伏发电站接入电力系统技术规定. GB/T 19964—2012. 北京:中国标准出版社.

胡广,王秀莲,毕大强. 2016. 光伏低电压穿越期间无功补偿对差动保护灵敏度的影响分析. 电力系统保护与控制,44(4):51-56.

李帅,毕大强,任先文. 2016. 基于 BP 神经网络的复杂光照条件下光伏列阵 MPPT 控制研究. 电气开关,34(6):66-71.

邱培春,葛宝明,毕大强. 2011. 基于扰动观察和二次插值的光伏发电最大功率跟踪控制. 电力系统保护与控制,39(4):62-67.

邱培春,葛宝明,毕大强. 2011. 基于蓄电池储能的光伏并网发电系统的功率平抑控制. 电力系统保护与控制,39(3):29-33.

孙向东,任碧莹,张琦,等. 2014. 太阳能光伏并网发电技术. 北京:电子工业出版社.

唐西胜,邓卫,齐志平. 2011. 基于储能的微网并网/离网无缝切换技术. 电工技术学报,26(1): 279-284.

王成山. 2013. 微电网分析与仿真理论. 北京:科学出版社.

王成元,夏加宽,杨俊友. 2006. 电机现代控制技术. 北京:机械工业出版社.

王克,王泽忠,柴建云,等. 2015. 同步控制逆变电源并网预同步过程分析. 电力系统自动化,39(12):152-158.

王思耕,葛宝明,毕大强. 2011. 基于虚拟同步发电机的风电场并网控制研究. 电力系统保护与控制,39(21):49-54.

王鑫,葛宝明,毕大强. 2012. 一种基于 LabVIEW 的 V2G 充放电系统. 电源学报,10(6):40-44.

张崇巍,张兴. 2005. PWM 整流器及其控制. 北京:机械工业出版社.

张兴,曹仁贤. 2011. 太阳能光伏并网发电及其逆变控制. 北京:机械工业出版社.

赵润富,葛宝明,毕大强. 2014. 太阳能电动车能量控制策略的研究. 电工电能新技术,33(5):
　　32-37.

郑鹤玲,毕大强,葛宝明. 2011. 光伏模拟系统建模与控制器参数优化. 电力系统保护与控制,39
　　(18):49-55.

郑竞宏,王燕廷,李兴旺,等. 2011. 微电网平滑切换控制方法及策略. 电力系统自动化,35(18):
　　17-24.

周稳,戴瑜兴,毕大强,等. 2015. 交直流混合微电网协同控制策略. 电力自动化设备,35(10):
　　51-57.

周稳,毕大强,戴瑜兴,等. 2016. 适用于新能源发电低电压穿越的 VSG 实验平台研究. 电力自动
　　化设备,40(10):84-89.

Bi D Q,Wang S G,Ge B M,et al. 2011. Control strategy of grid-connected photovoltaic system with
　　energy storage. International Conference on Electrical Machines and Systems,Beijing:1-4.

Qiu P C,Ge B M,Bi D Q. 2010. An improved MPPT method for photovoltaic power generation
　　system. The 2nd International Symposium on Power Electronics for Distributed Generation
　　Systems,Hefei:144-147.

Radwan A,Mohamed Y A. 2014. Bidirectional power management in hybrid AC-DC islanded mi-
　　crogrid system. PES General Meeting | Conference and Exposition,National Harbor:1-5.

Sun J X,Ge B M,Bi D Q. 2014. Research on the HIL platform of photovoltaic grid connected sys-
　　tem. Applied Mechanics and Materials,654:266-269.

附录 A　三相光伏/储能并网发电教学实验平台

三相光伏并网发电教学实验平台由控制单元、功率单元和外围电路器件（直流断路器、直流接触器、预充电阻、交流滤波电感、变压器、交流接触器、交流断路器）等组成，其中功率单元原理图如图 A.1 所示，三相光伏并网发电实验平台如图 A.2 所示，三相变流器主要参数见表 A.1。三相储能并网发电变流器教学实验平台与三相光伏并网发电教学实验结构相同。

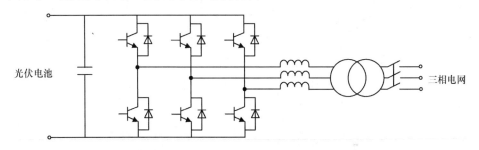

图 A.1　三相光伏并网发电变流器功率单元原理图

表 A.1　三相光伏并网发电变流器主要参数

参数	规格
功率	10kW
最大功率点跟踪电压范围	280～500V
光伏电池输入电压范围	360～600V
交流输入电压/频率	380V/50Hz
拓扑结构	单级 DC/AC
通信类型	RS485 串口(ModBus)、CAN 总线(CanOpen)、SPI 串口
冷却方式	风冷
尺寸	长×宽×高:520mm×370mm×160mm

三相光伏并网发电变流器中控制单元和功率单元的主要元器件说明如下。

1) DSP 控制电路

采用性能优越、应用广泛的 DSP2812 作为主控芯片，CPU 处理速度可达 150MHz。采用外部 16 位 D/A、A/D 芯片，转换速度达 10ns,信号转换速度更快、精度更高。

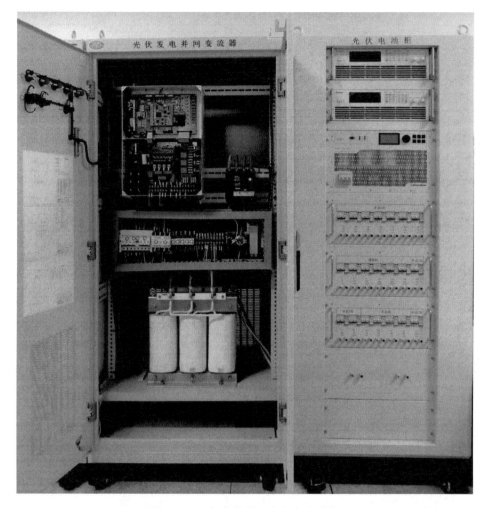

图 A.2　三相光伏并网发电实验平台

2）信号调理电路

信号调理电路采用二阶有源低通滤波电路、过压过流保护电路和光电隔离电路等多级调理保护。不仅能有效滤除线路高频谐波干扰，而且在过压过流状态可快速关断 IPM 模块，对电路起到快速保护作用。

3）继电器驱动电路与外部触点输入电路

继电器驱动电路和外部触点输入电路采用光电耦合器件，抗干扰能力更强，电路保护效果突出。

4）通信电路

通信电路采用两路 RS485 通信、一路 CAN 通信和一路以太网。通过通信接口实现与上位机的通信,能够对通信协议进行开发设计,如工业中常用的 ModBus 协议、CanOpen 协议和以太网协议等。

5) 电源模块

电源采用 MORSUN DC/DC 稳压电源模块,稳压输出精度达±1‰,双隔离双输出,隔离电压 1000~6000V(DC)。

6) 功率驱动模块

功率驱动模块采用三菱公司的 PM75RLA120 型 IPM 模块,最大电压可承受 1200V,最大电流可达到 75A,最高可在 120℃高温下短时工作。具有单片门驱动和保护逻辑,具有过温、短路、过压保护功能。

7) 功率驱动电路

功率驱动电路通过信号电平转换驱动 IPM 模块,还设计了同一桥臂上下两个开关管触发脉冲互锁硬件电路,可以更好地保护 IPM 电路。

8) 直流母线稳压电容

直流母线稳压电容采用 8 个 450V、680μF 电解电容两两串联再并联的方式,最终形成 450V、1360μF 规格的电解电容,稳压效果明显,还能起到一定的滤波效果。

9) 电压传感器

电压传感器采用 LEM 公司的 LV25 传感器,其具有交直流通用性、出色的采样精度、低温漂性、抗干扰能力强、电流过载能力强、反应时间快等特点。一只采集直流母线电源,四只采集交流侧电压,满足离网、并网逆变控制中的电压采集。

10) 电流传感器

电流传感器采用 LEM 公司的 LA25 传感器,其性能和上述电压传感器相似。一只采集光伏电池输入电流,三只采集单相交流电流,能够实现双闭环控制和负载功率精确计算等功能。

11) 温度检测与冷却电路

温度检测与冷却电路能够通过外部电路设置温度限制启动风扇,也可以通过软件方式启动风扇,实现变流器冷却。

12) 变压器

三相变流器经过三相 D/Y-11 160V/400V 升压变压器与电网并联,扩大光伏电池的电压输入范围。

附录 B 单相光伏并网发电教学实验平台

单相光伏并网发电教学实验平台由控制单元、功率单元和外围电路器件(接触器、预充电阻、直流升压电感和交流滤波电感)等组成,其中功率单元原理图如图 B.1 所示,单相光伏并网发电实验平台如图 B.2 所示,单相变流器主要参数见表 B.1。

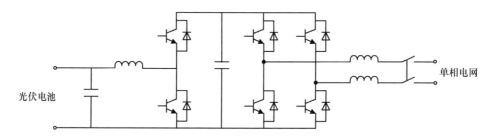

图 B.1 单相光伏并网发电变流器功率单元原理图

表 B.1 单相光伏并网发电变流器主要参数

参数	规格
功率	2kW
最大功率点跟踪电压范围	150～380V
直流母线电压	400V
交流输入电压/频率	220V/50Hz
拓扑结构	Boost＋单相 DC/AC
通信类型	RS485 串口(ModBus)、CAN 总线(CanOpen)、SPI 串口
冷却方式	风冷
尺寸	长×宽×高:530mm×360mm×160mm

单相光伏并网发电变流器中控制单元和功率单元的主要元器件说明如下。

1) DSP 控制电路

采用性能优越、应用广泛的 DSP2812 作为主控芯片,CPU 处理速度可达 150MHz。采用外部 16 位 D/A、A/D 芯片,转换速度达 10ns,信号转换速度更快、精度更高。

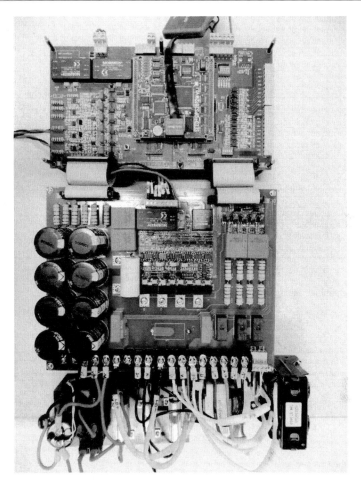

图 B.2　单相光伏并网发电实验平台

2) 信号调理电路

信号调理电路采用二阶有源低通滤波电路、过压过流保护电路和光电隔离电路等多级调理保护。不仅能有效滤除线路高频谐波干扰,而且在过压过流状态可快速关断 IPM 模块,对电路起到快速保护作用。

3) 继电器驱动电路与外部触点输入电路

继电器驱动电路和外部触点输入电路采用光电耦合器件,抗干扰能力更强,电路保护效果突出。

4) 通信电路

通信电路采用两路 RS485 通信、一路 CAN 通信和一路以太网。通过通信接口实现与上位机的通信,能够对通信协议进行开发设计,如工业中常用的 ModBus协议、CanOpen 协议和以太网协议等。

5）电源模块

电源采用 MORSUN DC/DC 稳压电源模块，稳压输出精度达±1%，双隔离双输出，隔离电压 1000～6000V(DC)。

6）功率驱动模块

功率驱动模块采用三菱公司的 PM75RLA120 型 IPM 模块，最大电压可承受1200V，最大电流可达到 75A，最高可在 120℃高温下短时工作。具有单片门驱动和保护逻辑，具有过温、短路、过压保护功能。

7）功率驱动电路

功率驱动电路通过信号电平转换驱动 IPM 模块，还设计了同一桥臂上下两个开关管触发脉冲互锁硬件电路，可以更好地保护 IPM 电路。

8）直流母线稳压电容

直流母线稳压电容采用 4 个 450V、680μF 电解电容并联的方式，最终形成450V、2720μF 规格的电解电容，稳压效果明显，还能起到一定的滤波效果。

9）电池端稳压电容

电池端稳压电容采用 4 个 450V、680μF 电解电容并联的方式，最终形成450V、2720μF 规格的电解电容。

10）电压传感器

电压传感器采用 LEM 公司的 LV25 传感器，其具有交直流通用性、出色的采样精度、低温漂性、抗干扰能力强、电流过载能力强、反应时间快等特点。一只采集直流母线电源，一只采集光伏电池输入直流电压，一只采集交流侧电压，满足离网、并网逆变控制中的电压采集。

11）电流传感器

电流传感器采用 LEM 公司的 LA25 传感器，其性能和上述电压传感器相似。一只采集光伏电池输入电流，一只采集单相交流电流，能够实现双闭环控制和负载功率精确计算等功能。

12）温度检测与冷却电路

温度检测与冷却电路能够通过外部电路设置温度限制启动风扇，也可以通过软件方式启动风扇，实现变流器冷却。